U0213338

视觉链

互联网产品的
视觉设计理念与规范

吴佳敏◎著

VISUAL LINK

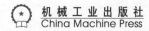

机械工业出版社
China Machine Press

图书在版编目（CIP）数据

视觉链：互联网产品的视觉设计理念与规范 / 吴佳敏著 . —北京：机械工业出版社，2017.1

ISBN 978-7-111-55868-2

I. 视… II. 吴… III. 人机界面－视觉设计 IV. TP311.1

中国版本图书馆 CIP 数据核字（2016）第 325269 号

视觉链：互联网产品的视觉设计理念与规范

出版发行：机械工业出版社（北京市西城区百万庄大街 22 号 邮政编码：100037）

责任编辑：何欣阳　　　　　　　　　　　　责任校对：殷　虹

印　　刷：中国电影出版社印刷厂　　　　　版　　次：2017 年 1 月第 1 版第 1 次印刷

开　　本：170mm×230mm　1/16　　　　　印　　张：13.75

书　　号：ISBN 978-7-111-55868-2　　　　定　　价：59.00 元

生活中，我常常被问："你是做什么的?"我会回答："互联网视觉设计师。"对方很不解，什么叫互联网视觉设计师? 我通常这么解释：在有些公司里，我们被称为 UI 设计师，但有时也会被称为 VI 设计师。不管称呼是怎样的，我们的工作都是在电脑或手机屏幕上针对界面皮肤的设计。我们的设计为互联网产品服务，在针对界面皮肤设计的时候，会对用户体验进行研究分析。

在平时的工作中，我发现有些合作部门的同事竟然也不太了解我们的工作内容，以及视觉设计的价值。这坚定了我写这本书的决心。

为什么要写这本书

从包豪斯到 Google I/O 的 Material Design，互联网的视觉设计既继承又颠覆着传统视觉设计理念。每一年都有许许多多的毕业生或者转行人员开始从事互联网产品的视觉设计师工作。

2015 年，我在面试了 100 多位应聘者后发现，80%~90% 的设计师应聘者对自己的职业毫无规划，并且对职位定义不清。他们认为只要是视觉设计的工作，都能胜任。其中有些应聘者是仅对设计抱有兴趣的，但他们没有设计背景，也没有设计方面的正规培训和工作经验；还有一些刚刚毕业的校招生，由于不清楚互联网公司的职位分配和工作内容，导致求职受到阻碍。这些人可能在设计领域中会有很不错的发展，但在他们踏入这个领域时，其实已经错过了求职良机，非常可惜。

有些同学在学校里会学习到一些别人制定的设计理念、设计知识。而这些在工作中，往往只是工作内容的一部分，在工作中，科学的工作流程、合适并能解决当下问题的设计、高效而良好的沟通技巧、有效的解释说明设计才是成功的互联网产品设计师必须拥有的素质。而这些在学校里是学不到的。

互联网行业是一个发展非常快的行业，也是一个充满创新的行业，技术发展快，商业模式层出不穷，用户的需求也在不断变化，相似的产品越来越多。对于互联网企业而言，要能让自己的产品在这个快速发展且充满变化的行业里更好地满足不断变化的用户需求，只有为用户提供越来越好的产品以及更好的用户体验这一条路。所以，近几年，互联网行业中成熟的公司越来越重视 UED 团队。在一些 UED 团队中，已经将设计岗位细分成：交互设计和视觉设计。而这种专业的职业细分，是靠一代又一代设计师们自己总结摸索得出来的。

有些视觉设计师会误读界面设计，从而把界面设计得"虚""大""空"。什么是"虚""大""空"？

"虚"：需要突出产品属性和信息的时候，却用设计技巧和手段掩盖了产品真正要表达的功能特点，虚而不实。

"大"：互联网环境下，相似的产品非常多，一些产品或者产品功能是有时效特性的，当产品发布错过了有效时机时，无论做得多好都会流失用户。所以在设计的时候若总想太多，做得范围太广，往往都会导致产品发布错失良机。

"空"：设计师没有真正了解产品，只是在炫耀自己的技能，设计理念与产品理念矛盾。

"虚""大""空"会使工作伙伴对我们的能力产生质疑。在没有任何经验和总结可参考的情况下，设计师的成长往往会受到阻碍，对自己的职业道路会产生迷茫和质疑。本书就是基于以上原因策划出版的，希望本书能帮助视觉设计师们快速成长，少走弯路。

读者对象

本书的主要读者包括从事互联网视觉设计的应届毕业生、转行从事互联网产品视觉设计的从业人员，视觉设计师（以互联网为主）、视觉设计团队管理人员（以互联网为主）、产品经理，以及用户体验从业人员。

刚毕业的同学：阅读这本书，可以理解如何在互联网的环境中开展自己的工作，从学生身份切换到社会人身份，了解视觉设计师的职能，工作的流程和如何提升专业技能。

转行成为互联网一员的设计师：通过阅读本书，可以了解互联网环境的设计团队是如何合作、如何思考的，帮助转行设计师快速入门，并融入互联网工作氛围。

和视觉设计师打交道的相关人士：可以了解视觉设计师的工作和思考范畴。本书将感性的设计内容用文字的方式理性地传达给读者，从而帮读者了解并理解设计师的工作。

公司的高层：通过阅读本书，领导们能更了解视觉设计师的感受、职业发展方向，从而使视觉设计师在工作中可以更好地体现自己的价值，并且在职业发展道路上有更大的发挥空间。

如何阅读本书

本书的内容基本都是干货，是我的经历、经验的系统总结。书中的观点和论证均在我 9 年的互联网产品视觉设计工作中得到了验证和提炼。本书从界面设计逻辑的层级分析到设计的细节分析，从工作沟通的合作方式到设计语言的表达解释均有深刻阐述。具体来说，本书从以下三个层面进行了讲述：

第一层讲解了互联网产品视觉设计师的职业规划、需要具备的能力，这部分内容可以帮助入门级的设计师进行技能储备，帮助中级设计师对自己的职业生涯进行规划，帮助设计管理者确定招聘准则。

第二层讲解了设计方向和设计方法，一些设计方法可以帮助大家在互联网的工作中快速论证和自省设计是否是准确合适。同时还讲解了大型改版设计前期调研该如何开展。

第三层讲解了深入设计和确立视觉理念的相关知识，这部分内容比较专业，技术性更强，书中会用大量的例子来说明和解释视觉理念及一些确立视觉理念的方法论。

本书一共分五章，具体内容安排如下：

第 1 章讲述互联网产品及其视觉设计概念，旨在让读者对互联网产品有一个整体的了解。作为一名合格的互联网产品视觉设计人员，了解这些内容有助于形成正确的设计观，也就是找到设计方向和设计理念。这一章还讲解了互联网产品视觉设计师的职业规划、需要知道的 5 个关键点和需要掌握的 4 种学习方法，这些都是形成设计理念的基础。

第 2 章是在第 1 章的基础上对设计的方向和理念进行宏观性的剖析。这一章首先明确了战略和用户对于互联网产品视觉设计人员来说意味着什么，接着深层剖析了对互联网产品视觉设计人员非常重要的一个概念——层级，包括什么是层级、为什么要掌握层级、如何建立层级等。只有掌握了层级，才可能成为一名合格的设计师。本章最后系统介绍了视觉设计的方法和流程，这部分内容旨在帮助设计师在掌握了层级，有了成为一名合格设计师的潜质之后，知道如何开展设计工作。这一章的内容既能够帮助个人快速处理和制作设计，又可以帮助团队规范设计流程和方法，提高团队效率。

在掌握了第 2 章的宏观知识后，第 3 章开始围绕细节设计展开讲解。这一章主要包括两大块内容——设计元素和颜色搭配，元素＋颜色＝作品，所以掌握了这两部分内容就可以设计出令人拍案叫绝的作品。这一章从颜色代表的情感、颜色的模式、颜色选取的两种方法等角度详细介绍了颜色搭配的方法；从图标的类型、像素、体量感、选择、动效设计、使用情况等方面介绍了图标的使用方法；同时还对文字和表单的设计进行了详细分析。

在了解了设计的方方面面之后，本书指出让设计师进一步提升的方法，也就是第 4 章要介绍的内容——回归设计理念。这一章告诉视觉设计师在设计完毕后要进行反思、自省，提炼设计理念，论证设计方向，这样不仅能让作品有感性的视觉传达、理性的理论支持，还能让设计师找到不足、积累经验。要想进阶为更高级别的视觉设计师，本章内容是必学的。

前面 4 章是视觉设计师进行创作的完整流程，是一个完整的视觉设计工作链，在这个链条上每一环都是后面一环的支撑，缺一不可。但是在这个链条之上必须配以设计规范，才能让其更加稳固，这就是第 5 章要讲解的内容。第 5 章在明确了设计规范的重要性之后，给出了制定规范的 5 大原则和具体流程，最后还辅以具体的案例，让读者在掌握理论层面的知识后，还能通过他人的成功经验知道自己的工作如何落地！

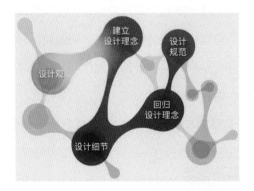

希望本书能够唤起读者在互联网产品的视觉设计过程中的一些思考，同时也希望本书能使读者比较深入地了解我想要表达的对互联网产品的视觉设计的理解。

资源和勘误

书中的图片都是进行示意的设计稿，价格和数字都仅为举例需要。由于经验和精力有限，本书难以全方位从点滴细节中深入而系统地解释互联网产品的视觉设计。如果能帮助大家认识视觉设计师的岗位，理解视觉设计师，那么对于视觉设计师以及我本人来说，已经足够了。

如果你有任何针对本书的宝贵意见或建议，欢迎发送邮件至邮箱naonao_mail@126.com。期待能够得到你的真挚反馈。

ACKNOWLEDGEMENTS 致谢

首先要感谢我的家人在我写作过程中给予的支持，他们是我坚强的后盾。

我还要感谢在我的工作过程中帮助我的朋友和同事。刚毕业时，我遇到了一位非常负责的领导王索夫，在他的指引下我做了一年的交互设计，这为我的设计逻辑打下了非常扎实的交互基础。他曾经说：如果你"吃透了"产品逻辑，那么你的设计层次将与别人不同。感谢陈扉、郑砾在腾讯工作时对我的设计作出的非常细致的点评，特别是郑砾不厌其烦地和我一次次看稿子，细细探讨修改，给出了非常专业的意见。

感谢张振虎和邓佳佳让我的设计变得更加专业。特别感谢 nikita 彭晓红，让我的设计理论得到实践和认可。

感谢杨晓平。在 2014 年的时候我就有写一本书的想法，但是苦于不知道如何写，如何出版。2015 年年初，我将这个想法告诉了他，是他让我认识了杨福川。

最后感谢杨福川和孙海亮，一次次为本书出谋划策，引导我，使我能将所想、所得付诸文字，直至付梓。

前言
致谢

目录

第1章
CHAPTER

认识互联网产品
视觉设计

1.1 什么是互联网产品的视觉设计

互联网的发展，让我们的生活越来越便利。用户在追求产品功能便利的同时，对界面品质的追求也越来越高。互联网产品的视觉设计既是对互联网产品的包装，也是对互联网产品的一种解释。越来越多的人对界面的视觉设计产生浓厚的兴趣，想进一步了解什么是互联网的视觉设计。

1.1.1 了解互联网产品

我们先了解一下什么是互联网产品——它的概念是从传统意义上的"产品"诞生而来的，是在互联网领域中产出而用于经营的商品，是满足互联网用户需求的一种载体。互联网产品的一个重要因素是让用户参与产品设计，将用户所需加入到产品设计中去。用户驱动企业，并且快速迭代，将原本以企业为中心的思维转变到以用户为中心的思维。

产品的管理者接受用户的观点，让用户的声音加入决策制定过程中。让用户参与设计，这使设计师和用户的角色与传统企业时代相比发生了 137 微妙的变化：用户成了产品的设计者和改变者，而设计师扮演了协调者、配合者和观察者，并获得用户的第一手资料，从更丰富的角度挖掘用户的意识和需求。

怎么理解用户参与产品设计呢？举个例子：乐高是个实体企业，在 20 世纪末乐高陷入产品创新无序、管理创新滞后、文化创新乏力的怪圈时，一位乐高设计师尝试在论坛上与一批乐高爱好者一起设计一些产品，结果取得了很好的反应和效果。这种"参与设计"的互动，让乐高起死回生。

△ 乐高爱好者参与乐高设计让乐高起死回生

怎么理解将企业思维转变到以用户为中心的思维呢？例如：我们去商场，售货员会推荐一些公司想售卖的商品，这是以企业利益为出发点的推荐方式。

以用户为中心的推荐方式，在互联网行业中以 Amazon 为例，它通过用户的购买记录，根据用户自己的特性，进行个性化推荐，推荐的物品是和用户喜好相关的。这就是将用户的需求放到产品设计中去。

Amazon Recommendation System 贡献了 35% 的成交量，另外全站有六成的成交是直接或间接通过这个推荐系统产生的。对 Amazon 来说，推荐技术改善了用户体验，它和客观的商品评论功能等一起帮助 Amazon 成为最可靠、易用的商品资料库，绑定了大量的用户，为 Amazon 带来长期稳定的收益。

△ Amazon 的推荐系统

还有一些电商 App 中的"为你甄选"和"猜你喜欢"板块也是如此。

互联网怎么改变我们的生活呢？举个例子：周末我决定去买一件衣服，出门→乘坐地铁→到达商场→逛商店→挑选喜欢的衣服→试衣间试衣→到收银台排队付费，结束这次的购买流程。

在互联网时代，我们不用出家门，只需打开电商网站或者 App →搜索想购买物品的关键字如（红色上衣）→选择喜欢的衣服→进入衣服

详情页→加入购物车→点击付费，就可以完成这个购买行为，并且可以
查看和点评其他用户的评价进行互动。

△　在商场中排队购物

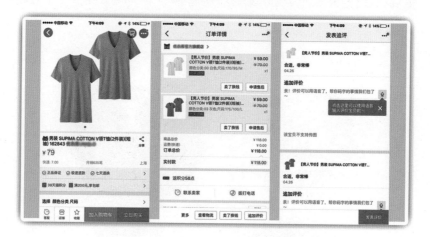

△　在电商平台购买相同的品牌

简单来说，互联网产品就是指网站（PC 端）或 App（Mobile
端）为满足用户需求而创建的功能及服务，它是网站或者 App 功能与
服务的集成。互联网产品的诞生让生活更便捷，比如一些点餐网站或
App、美食点评网站、网上购物等，可以将千里之外的信息呈现在用
户面前。

举个例子：腾讯的产品是"QQ""微信"等，Google 的产品是"搜索""广告"等，新浪的产品是"微博""新闻"等，每个互联网公司都有自己的互联网产品。

腾讯的产品"QQ""微信"都是即时通信软件，能及时发送和接收互联网消息。它颠覆了传统的纸信模式，20 世纪 90 年代的"笔友"被"网友"逐步代替。

新浪的产品"微博""新闻"让社会新闻能立即分享给大众，不再是通过传统的报纸。传统报纸有延时性，第二天才能知晓前一天发生的事情。

△ 互联网产品

互联网产品相对传统商业来说，在时间、空间、传播、关系这些维度上都产生了变化。

（1）时间：互联网电商让时间从原来的固定营业时间，实实在在地变成了 356 天 ×24 小时。它让商业没有工作日与休息日之分，没有白天和黑夜之分。

△　实体商业 vs 互联网电商

（2）空间：数字化世界让空间无边界，节约空间成本，打破空间障碍，让物流成本大大减少。

△　实体商城 vs 互联网电商

（3）传播：社交媒体颠覆电视、广播、报纸等传统媒体，让信息传播更加快速。

△ 传统媒体 vs 互联网媒体

（4）关系：互联网产品让人际交往形态发生变化，使陌生人接触的机会增加。

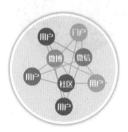

△ 互联网 2.0 vs 互联网 3.0

1.1.2 什么是互联网产品的视觉设计

随着时代的演变，视觉设计不再仅限于传统的书籍封面设计、电影院门口张贴的海报设计，或者 CD 封面设计，又或者一些杂志类排版设计了。互联网产品的诞生使视觉设计师的设计为互联网产品服务。

例如我们使用的手机，它的锁屏界面是界面设计；进入后，主界面上的那些应用图标是图标设计；进入设置界面，代表功能的图形也是图标设计。

△　界面设计和图标设计

在我的理解中，互联网产品的视觉设计既有创意又有理性特征，更像是"在屏幕里的工业设计"。

互联网产品的视觉设计师在互联网公司中负责互联网产品的视觉设计，在分析产品逻辑和交互逻辑后，负责简洁而优雅地传达有效信息，并通过视觉设计制造出愉悦的用户体验。

△　传统 CD 封面、海报设计以及互联网产品视觉设计

根据所负责的互联网产品是用户产品还是运营产品，互联网产品的视觉设计师可以分为互联网界面视觉设计师和互联网运营视觉设计师。

互联网界面视觉设计师最关心的是针对互联网用户的产品是否富有美观的用户体验和实用能力。互联网运营视觉设计师最关心的是视觉冲击力和美观度。

△ 互联网界面视觉设计（界面皮肤）vs 互联网运营视觉设计（活动 banner）

互联网产品的视觉设计包含 LOGO、banner、icon、界面设计、活动专题、为介绍产品功能而进行的动画设计等，它与互联网产品交互设计的职能是有所区分的，但和产品逻辑又是密不可分的。本书着重讲解互联网产品的界面视觉设计。

1.2 互联网产品视觉设计师 5 项关键能力

互联网产品的视觉设计师不只是对界面或软件进行配色排版、Icon设计等，更需要对用户（界面或软件使用者）、使用环境、使用方式进行定位，并最终为界面或软件用户服务（设计）。这类视觉设计师进行的是集科学性与艺术性于一身的设计，简单来说，他们需要完成的正是一个不断为用户制造视觉效果，并使之满意的过程。

有些设计师说，我从小学习美术，素描、色彩都很棒，参加过国家级美术大赛，获得了很高的奖项。这些只能证明你的色彩和构图能力得到了认可，基础扎实，但与互联网视觉设计师所要掌握的能力还是有一定差距的。

许多选择成为视觉设计师的从业者，是对设计富有热情和兴趣的。那么一名优秀的视觉设计师需要具备怎样的能力，才能胜任互联网产品的视觉设计工作呢？

一个优秀的互联网产品视觉设计师能力模型如下：

△ 视觉设计师能力模型

1. 专业核心知识

作为一名视觉设计师，需要具有扎实的美术功底和创造力，极好的色彩把握能力、布局能力和审美能力，能判别美感和设计的优劣。不管是业余爱好者，还是受过专业训练的从业人员，专业技能这个核心竞争力都是不能缺失的。

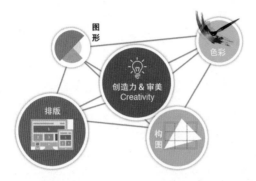

△ 视觉设计师的核心竞争力——专业本身的核心能力

如前文所说，视觉设计中包含了"LOGO、banner、icon、界面设计、活动专题、为介绍产品功能而进行的动画设计等"，那么美观、隐喻准确、容易令人识别的 icon 就需要塑形能力。

色彩的搭配、构图的完整、字体的设计等是设计 banner 的基础能力。排版、配色、对比等是设计界面的基本能力。

为什么要掌控这些能力？

排版是把文字、表格、图形、图片等进行合理的排列调整，使版面达到美观的视觉效果。最常见的网页布局错误之一是定义了不正确的行高。行高是定义一行文本的高度，所以我们必须按照文本字体大小来设定行高。

另外需要定义标题周围的 margin 值。标题其实是与它下面的段落相关联的，而不仅仅是两个段落的分割符。所以标题与下面段落的距离应该小于它与上方段落的距离。

为了确保可读性和专业性，在界面中尽量避免出现 3 种以上的字体，使用过多的字体会干扰用户而且让界面看起来很乱。相反，较少的字体让界面显得干净易读。

配色简单来说就是将颜色摆在适当的位置，做一个最好的安排。色彩是通过人的印象或者联想来对人产生心理上的影响，而配色的作用就是通过改变空间的舒适程度和环境气氛来满足消费者的各方面要求。配色主要有两种方式，一是通过色彩色相、明度、纯度的对比来控制视觉刺激，达到配色的效果；二是通过心理层面感观传达，间接性地改变颜色，从而达到配色的效果。

视觉设计的运用手法由图形、色彩、排版、构图、布局等穿插结合而成。对这些手法的把控力越强，设计核心能力越高。

△　界面排版

创造力——人类特有的一种综合性本领。一个人是否具有创造力，是一流人才和三流人才的分水岭。它是知识、智力、能力及优良的个性品质等复杂因素综合优化构成的。创造力是指产生新思想，发现和创造新事物的能力。它是成功地完成某种创造性活动所必需的心理品质。

对于一名视觉设计师来说，发现和创新是基本要素之一，没有创造力，设计师的生命力也就没有了。

审美能力即艺术鉴赏能力，它让我们认识到什么是美，并且能评价美。审美能力是可以培养和提高的。多收集一些好的设计作品，多去参观一些好的设计展览，有效地评价设计，都能逐渐提高审美能力。

怎样有效地评价设计呢？大家有没有这样一种经历：看到一个设计稿，想到一点说一点，观点非常发散，最后变成了"指点江山的大神"？

评价设计先从设计的整体概况入手，第一印象让人接受是设计的第一步，从自己的角度看看用户是不是对这个设计有兴趣，并且愿意阅读内容。这里所说的内容就是要表现给用户的主要信息，看看是不是完整表达了这些信息，有些设计师为了美感的表现，往往会缺失对商业价值的表达。

直觉 ══	这个设计的第一印象
内容 ══	设计是不是非常完整地表达了全部内容
美感 ══	整体效果是不是与内容符合
风格 ══	风格是否准确，是否满足项目的目标与理念

△ 界面整体的评判

下面的事例是当设计师接收到全场五折需求时，应该表现出全场五折，但是设计师很有可能烘托的是活动气氛，忘记或觉得没有必要把五折信息放进设计里。就"五折命题"来说，下图中左边的分图表达是准确的。

△　准确表达商业价值

整体分析后，就是细节分析了。从排版、流程、颜色等角度去判别内容是否安排合理，流程是否通畅，颜色和风格方向是否一致。另外还有没有缺失的设计和多余的设计，并进行调整。

排版	══	内容是否被安排在准确的位置
流程	══	内容的安排是否自然而且有逻辑性
颜色	══	色彩方向是否准确
缺失	══	有没有缺了什么，有没有多余的

△　细节分析

当将这些都分析后，我们就能总结性地做出评价，看这个设计是不是有效和有价值。

2. 产品 & 交互逻辑

为产品进行设计的时候，需要了解业务和产品需求。这些业务知识、产品逻辑或交互逻辑，能帮助视觉设计师更准确地将产品理念和交互理念结合起来，通过视觉设计的包装，精确地传达给用户。

△ 富有上下游知识，让设计循环，使产品更稳定和成熟

另外，准确地把握用户心理，对用户体验有深入的研究，具有对可用性测试结果评估的能力，对用户操作流程及用户使用习惯有深入理解，这些工作是需要团队协作的。例如可用性测试和评估，需要从事用户研究的专业人员对用户进行观察，进行结论分析。只有在这些论点的基础上产出的设计才能满足用户的需求和诉求。

用户体验设计，最终是要落实到用户身上的。客观、中立的验证、分析、评估能力是一个视觉设计师的重要素质。无论个人还是团队，设计的成果都需要通过客观测试才能算是合乎标准。

3. 判别需求的能力

　　视觉设计师是一个非常看重专业度的岗位，相信所有的设计师都想工作伙伴认可自己的专业能力。一个经常采用盲目跟进产品需求和交互设计稿这类工作方法的视觉设计师，是无法让人信服的。因为你的核心能力（创造力、审美等）他们无法理解，而和他们之间的逻辑沟通是缺失的，工作伙伴会潜移默化地认为这个视觉设计师是对交互稿进行色彩搭配的"美工"。视觉设计师设计出的稿件，往往会被挑战和质疑，而视觉设计师即使在核心能力角度据理力争，也无法让他们改观，双方在两条平行线上交流。那么视觉设计师的专业度又体现在哪些地方？

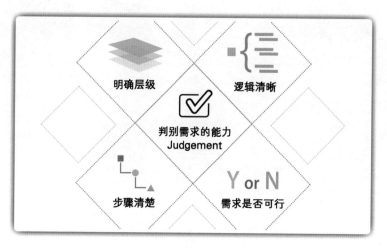

△　判别需求的各个层面

　　专业度不等同于核心能力。在我们提供"核心能力"给我们需要设计的对象的同时，进行逻辑分析和用户体验研究之后，我们还需要做一个具有判别需求能力的视觉设计师。对不符合逻辑的产品需求提出质疑，对缺失的交互逻辑进行补充，并能给出相应的解决方案。

我问过一些设计师："这个地方为什么这么设计？它似乎不符合常理。"设计师回答："产品经理要求这么做的。"或者"交互稿上这么设计的"。这样的回答，好像是在撇清设计责任，但视觉设计师往往忘记自己也是这个项目或任务的一分子，自己承担着为用户带来更方便或合乎常理设计的责任。

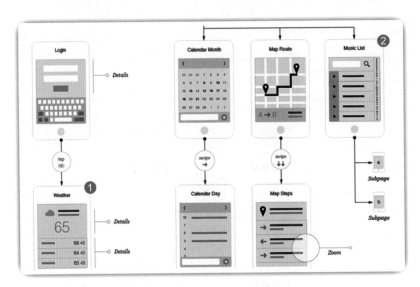

△ 明确逻辑和步骤

请设计师大胆地向你的伙伴提出你的观点，和他们一起探讨，将更好的设计带给用户吧！

4. 精确的解说能力

设计师是设计作品的翻译官，我们需要把产品语言转化成用户能理解的方式进行传递，让使用它的人能读懂它、喜爱它。不要吝啬自己的表达能力，该为自己设计说明的地方，释放自己的口才吧。

只有设计师是最了解自己设计意图的人，也是这个产品设计的第一个用户，设计师需要对自己设计的界面有解说和包装的能力，让别人能一眼看到设计中的特点和精髓。有些设计师设计完界面之后十分"吝啬"，没有设计说明，没有设计分析，发出一封设计完毕的邮件后"任人宰割"，把自己的观点深埋在心里。接收方不知道设计师的意图，于是用自己的主观喜好去评判设计。这样就导致设计师背后有一群指点江山的"大神"，设计师的工作积极性受到打击，对团队信任度和融洽度也造成影响。设计师如果能够充分地说出自己的设计意图，让接收方理解，以及使理解不产生偏差，就可以省去不必要的沟通成本。

△ 精确的解说能力

有时候设计师不知道怎么表达自己的设计意图，我们常常会听到这样的说明："从用户体验的角度出发做出这样的设计。"什么是用户体验？它是一句口号吗？或是万能回答的解释？设计师完全可以把自己分析的经过、考虑的各个方面解说给伙伴和团队。

如果解说对象比较多，需要向领导汇报等，可以制作 PPT 进行演示，将设计过程、分析都详细演示。如果是小范围的解说，可以在会议室或电脑前进行演示。在解说对象不适合面对面演示的情况下，可以运用邮件形式，将需要解说的局部突出说明。

△ PPT 展示自己的设计和设计过程

△ 在邮件中说明局部设计意图

小贴士：这既是表达设计的时机，也是体现个人专业度的时机！

5. 工具掌控能力

在这本书里我不会详细介绍这些软件该怎么运用，设计师的核心能力从来不会因为软件的限制而受到限制，希望设计师明白，软件只是实现效果的工具。但掌控工具却是不可忽视的能力，一个设计师很有创意想法，却不知道怎么实现，用哪种工具实现最有效、最合适，也是不可取的。

众所周知，视觉设计师常用的软件包括：Photoshop、Illustrator、Sketch 等。

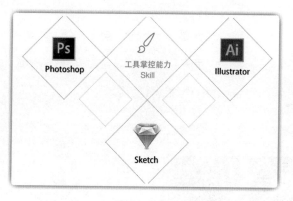

△ 设计师常用软件

这 3 类工具特点的比较：

Photoshop 是图像处理软件，它的专长在于图像处理，而不是图形创作，虽然最新的版本将矢量功能加入了这个软件，但在矢量绘制上 Illustrator 更专业一些。不过 Sketch 绘制图片的曲线品质比

Illustrator 好。

现在是无线时代，App 的诞生催发 SVG 格式的兴起，它是可缩放的矢量图形，可将矢量图形数字化，文件也非常小。而这个格式 Photoshop 是不支持的，Illustrator 支持，Sketch 也支持。

随着 iphone 手机的热卖和 iOS7 之后界面理念的诞生，毛玻璃背景效果受到广泛运用，这种酷炫视觉效果在 Sketch 中是可轻易获得的，而在 Photoshop 中则需要一些复杂的制作过程。最新的 Photoshop 版本加入了手机端的尺寸和插件，使设计更加方便。

Sketch 最近成为一款火爆的设计工具，很多公司开始使用。对于 App 的设计来说，这款软件是设计利器，操作方便，功能强大。当然它在创意图形时是有利的，而在创意图像效果时需要在 Photoshop 中制作完毕，并导入到 Sketch 作为元件使用。

△ 毛玻璃设计效果

这 3 类软件各有利弊，是界面视觉设计中常用的软件，大家可以自行选择制作方式。

界面视觉设计师需要掌握：Photoshop 或者 Sketch，Illustrator，After Effects 或者 Flash。

△ 界面视觉设计师技能等级划分

运营视觉设计师需要掌握：Photoshop，Illustrator，MAYA 或者 3ds Max，Flash。

△ 运营视觉设计师技能等级划分

1.3 提升视觉设计师能力的 4 种学习方法

很多人不了解视觉设计师的价值，更直接地说，大多数视觉设计师没有体现出足够的、令人信服的专业度。那么如何提升视觉设计师的能力呢？

1. 多看

视觉设计不是一蹴而就的创造工作，它是不断迭代、不断更新的过程。这里的"看"指的是设计师能博览，能广泛涉猎，看过好的设计、差的设计，能评判设计的优劣，这样视觉设计才会变得很美。

知识是瑰宝，如今与互联网相关的书籍非常多，视觉设计师可以通过多阅读《用户体验的要素》《点石成金》《一目了然》等用户体验的书籍来提高相关用户体验的知识。或许你已经看过了，但反复看几遍你会发现每次理解都有不同，将现实中的案例与书中知识结合，会有不同的思考维度。

△ 用户体验相关书籍

《经·理》《用户力》等书籍拓展了互联网相关知识，讲解了产品经理的工作情况、用户需求的挖掘。当然也可以参与一些互联网交流的线上线下论坛。

2. 多记

做记录或笔记是设计师一直忽略的积累方式。记得在大学一年级的时候，我的专业课老师和我们分享了她保持 30 多年的习惯——做记录。
她每到一个地区或国家，看到有趣的设计或者建筑，都会速写下来、记
下来，或拍下来，这是对素材的积累。

△ 互联网知识相关书籍

"好记性不如烂笔头"，每当你话到嘴边，却说不出口，觉得好像有
什么事情要做却想不起来的时候，你肯定是感同身受的。笔记对于设计
师意味着什么？它可以帮助我们整理思路，积累和总结经验。

△ 笔记不拘泥于形式

1）思路

作为一个设计师，笔记对我最大的帮助是让我清晰地看到整个设计过程。互联网产品的视觉设计在我眼中像是数学应用题，解题过程就是设计过程，有它需要达到的目标和目的对象，清晰的思路使我能一步一步得出结论和答案。你去做项目调研和竞品分析后，才会确定最主要的设计痛点在哪里，才会知道你的竞争对手都在做什么，怎样才会做得与他们不一样，怎样做到更好。而在这些过程中，笔记对于你的意义在于理清设计思路，记下你觉得是重点的地方，进行下一步的分析。视觉设计师可以分析色彩，对比大小，计算在设计中运用过几种设计手法，做出判断，在设计中做加减法，确保自己的设计简洁而不简单。

2）积累

有时候你看到一些东西，当时觉得很有意思，但是不知道能用在什么地方，先记下来，等以后需要做某个设计的时候，记下来的这些东西都可以为你的头脑风暴或是设计灵感带来很多启发。所以这个时候笔记的意义就是，帮助设计师积累。当你从各种渠道发现灵感的时候，收藏下来，记下来，写一些当时的想法，可能暂时用不到，但是有可能会成为今后你的设计项目中一个很好的发展方向。现在有一些不错的网站可以帮助我们积累素材。

（1）花瓣网（www.huaban.com）。"花瓣网"几乎是我每天必登录的一个网站，是一个帮你收集、发现网络上你喜欢的事物的网站，一个简单的采集工具。用户可以将网上看见的一切信息都保存下来，简单上手。通过专属于"花瓣网"的浏览器插件——"采集到花瓣"快速完成信息的收集。不论是在家里，还是在办公室，只要有一台拥有网络的终端，只要拥有"花瓣网"的账号，你就能轻松收集你喜欢的信息。这些信息不但附带原始的网页链接，还会以图片 / 视频的形式美轮美奂地呈现在"画板"里。用户在"花瓣网"会拥有多个自定义"画板"，用来收藏并分类展示"采集"成果。这个过程比我们在电脑里新建一个文件夹还要简单实用，且看上去很美。"花瓣网"可以比作一个工具，一个帮助你收藏互联网上喜欢的东西的工具。采集是第一步，是一个聚合的过程。

△　花瓣网

（2）站酷网（www.zcool.com.cn）。"站酷网"聚集了中国绝大部分的专业设计师、艺术院校师生、潮流艺术家等年轻创意设计人群。其经常会举办一些有影响力的界面设计大赛。"站酷网"一直致力于促进设计师之间的交流与互励。同时，"站酷网"还为设计师与企业搭建互相促进的桥梁，帮助优秀企业与优秀设计人才更好对接。

△ 站酷网

（3）UI 中国（www.ui.cn）。UI 中国的前身是 iconfans，简称 IF，是一个以"设计师"为中心，本着"小圈子，大分量"的原创理念，以沙龙、聚会、学习、交流、分享为核心，为设计师的工作与学习提供更多创作灵感和参考资料的网站。

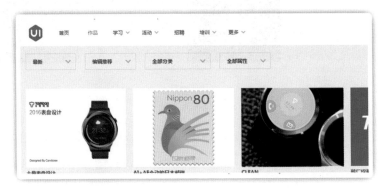

△ UI 中国

（4）Dribbble（www.dribbble.com）。Dribbble 的口号是：你正在创作什么？它鼓励创作者上传个人作品，以及将正在创作的作品发到

Dribbble 网站上。Dribbble 是通过提供付费账户服务盈利，普通用户可以成为观察者，并且有机会去雇用作品的创作者。一般来说，用户贡献作品的网站往往内容、质量、水平参差不齐，但 Dribbble 的作品整体质量却非常高，它有概念稿、"飞机"稿，也有产品稿。多样性的内容让许多摄影师、设计师和其他创意产业人士都喜欢在这里展示其未完成的设计，通过与其他设计师的共同探讨来激发自己的灵感。

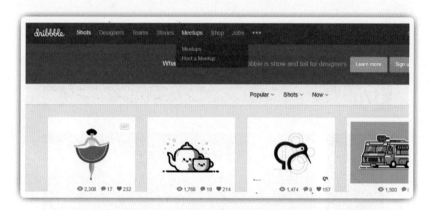

△ Dribbble

（5）Behance（www.behance.net）。behance 是著名设计社区，在它上面，创意设计人士可以展示自己的作品，看别人分享的创意作品（上面有许多质量上乘的设计作品），还可以进行互动（评论、关注、站内短信等）。

（6）优秀网页设计（www.uisdc.com）。优秀网页设计里有众多设计总监、资深网页设计人员、设计爱好者等分享他们关于职业的技术、理念、思考和探索，同时为经验丰富的专家和积极努力的设计师提供一个良好的展示自我的平台。

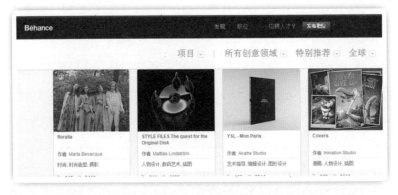

△ Behance

△ 优秀网页设计

总结：当你翻看笔记和记录时，里面有清晰的、每一步的设计过程，还有你的思考和草稿。当你回头去翻的时候，会有一种成就感，感觉自己做了很多事情，沉淀了很多事情。这是一种回顾方式，在下次设计的时候，你就能对之前的设计进行进一步的提炼和提升。

3. 多做

做——视觉设计师专业度的核心表现。对于设计师来说，看得再多，记得再多，这些环节做得再好、再完美，也只是停留在设计师自己的脑子里。有些设计师在设计前的沟通夸夸其谈，把想要做的设计说得非常好，结果理论落实不到实际，所有的想法都只是空中楼阁，之前所有的努力都只是在佐证设计师思想的空泛和不切实际。所以我们不仅要能"做"，更要"做"得漂亮。如果一天做一稿，那么一年就是 300 多稿，在多做的训练中，可以提升自己的专业水平。我一直都是这样认为的："做"决定了一个视觉设计师是不是专业，"多做"是一个设计师最根本的专业素质。

4. 多磨

磨——一个设计，不断地迭代，在更新中"磨"制而成，是耐心、技巧、热情的综合表现。在一个项目的进程中，不可避免地面临很多的挑战，优秀的设计师善于发挥"磨"的精神，他们拥有对视觉设计专业的无比热情，以无所不用其极的技巧，耐心地磨一个又一个质疑方，最终让大家认同并帮助推动设计的实现。

1.4　视觉设计师的职业规划

我曾经在面试中遇到过带着移动硬盘来面试的应征者，打开文件夹后密密麻麻的设计文件呈现在我面前，作品质量参差不齐。在听过几个作品阐述后，我不得不打断他，要求他在这些文件中挑选自己认为最好的 3 个作品向我阐述设计理念和思路。而我的面试时间从原本计划的 30 分钟，被迫延长至一两个小时，而且阐述的设计思路不明。而事实上在他打开文件夹的一瞬间我对他的面试印象已经打了折扣，因为这是一类没有面试规划的应征者，更甚至于面试互联网界面视觉设计师的岗位，却希望从事互联网运营视觉设计工作。而有些人根本不知道这两者的区别。那么如何确立自己的互联网产品职业规划呢？

1.4.1 专业线

互联网产品视觉设计师从专业方向上大致可以分为两个类别：

第一类：界面视觉设计师——产品功能方向的视觉设计师。

产品功能方向的设计师，从设计的出发点来说，核心以产品功能和服务设计为主，更倾向于屏幕下的"工业设计"。通常产品功能方向的设计，前序环节是和交互设计师一起搭档的，在交互设计师为用户设计出良好交互体验的交互稿的基础上，视觉设计师按照功能层级的区分，进行美观的视觉设计。有些公司，交互设计和视觉设计这两个设计工作的职能是合并的。

产品功能方向视觉设计师的工作职责和内容：

- 为产品进行前期的视觉推导并完成设计方案。
- 负责为互联网新产品与新功能提供创意策划并提供用户界面的设计方案。
- 负责参与前瞻性产品的创意设计和动态 DEMO 的实现。

第二类：运营视觉设计师——运营方向的视觉设计师。

运营方向设计师设计的出发点以产品活动设计为主，设计活动专题界面，如天猫双十一、京东 618 等。这类营销类型的设计是为了吸引用户参加对应的活动，或加深用户对互联网产品的印象，产生参与行为。

△　界面设计作品

运营方向视觉设计师的工作职责和内容：

- 基于对运营设计需求的良好理解能力完成需要的视觉设计提案。
- 团队协作设定整体活动界面视觉风格与创意规划。
- 配合团队高效地开展系统化的详细视觉设计。

△ 运营设计作品

1.4.2　P 线

P 线——设计专家，在视觉设计领域中，富有资深的阅历和专业的设计水准，注重研究和开发，辅助设计经理，提升团队专业能力。

怎样成为设计专家？

任何一个工作 10 年的人都很有经验，但是他们大部分并没有做到领域内专家。看看周围的大多数人，他们工作勤奋，也经常看书、学习，有的甚至有很多年的工作经验或非常好的天赋，但是他们为什么没有因此成为更优秀的人？心理学家 Ericsson 的研究发现：决定专家水平和一般水平的关键因素，既不是天赋，也不是经验，而是"练习"的程度——这个就是我们经常说的自我学习能力。

1. 做有挑战练习

顾名思义，做有挑战练习指的是去做一些为了提高成效而激发大脑刻意设计的富有挑战的练习。它要求一个人离开自己熟悉的区域和条件，不断地依据方法去练习和提高。

这种挑战练习，不是单纯的练习，单纯的练习让人们大部分时间都在无意识地重复自己已经做过的事情。事实上，大家做挑战练习训练的时间非常少。很多人会发现，刚刚工作的时候，逛论坛，临摹优秀 UI，一个人这里学学那里磨磨，设计水平进步得非常快，这就是"挑战练习"。那些产量和质量非常高的设计师，在短时间里设计水平达到了一定高度。如果不断调整和挑战自己完成任务水平的极限，那么距离专家水准就不远了。这也是前文所说的"多做""多磨"。对于一名刚接触设计的人员来说要"多做""多磨"，入行 10 年以后还是要"多做""多磨"。

挑战练习的 4 大攻略：

（1）避免偷懒的工作方式——工作时间久了，总有一套自己的工作方式，其中不乏一些可以快速且并不费力的工作方式，比如使用之前用到很多的素材和配色方案。这些在做挑战练习的情况下要尽量避免。

（2）离开定向思维的思考环境——这个环境不是指空间环境，而是思维环境。当思维环境习惯和定向的时候，会让自己的思维局限，思考力度就不够强。

（3）牺牲现有的短期利益——在挑战练习的时候，会牺牲自己的业余时间，或者金钱。例如有些做平面设计的设计师想要转行成为互联网界面视觉设计师，但是在他本来的平面设计区域中已经有些成绩了，薪资也在中上级，而转到界面设计的时候专业本领还不够强，可能为了转行和长期的发展，需要牺牲眼前短期的利益。

（4）增加大量的重复练习——熟能生巧，千古名言。重复练习一个命题会让设计水平更加稳固。比如在配色中，对蓝紫色的配色是痛点的情况下，就要大量重复练习针对蓝紫色搭配的设计。

△ 挑战练习的4大攻略

2. 富有领导力

领导能力与管理能力有所不同，管理是公司赋予每个人的职责，而领导力是潜意识所形成的并且能够影响和带动整个团队的能力。设计师不一定有管理职责，但拥有领导力是摆脱"艰苦"现状的最好办法，简单点说就是成为整个项目的领导者。

1.4.3　M 线

M 线——设计经理，管理者。视觉设计经理首先是一名视觉设计师，在了解视觉设计师工作的同时，也要关注设计以外的事物，如建立团队工作机制、团队合作、人力成本的计算等。其主要负责项目概念设计、方案设计的设计管理工作，编制设计计划和设计任务，并保证交付的设计质量，使团队对内对外的影响力得到提升，让团队具有凝聚力和感染力。

作为一名专业类的管理者，需要具备以下管理技能：

（1）专业技能。专业技能指专业岗位所需要的业务技术等能力。这类技能较为务实，职务越低，对专业技能的要求就越高。

（2）概括技能。概括技能指理性的思考、分析、判断、决策能力。这类技能相对务虚，职务越高，对概括技能的要求也就越高。

（3）人际技能。人际技能即人力资源管理的能力。这是不论职务高低，都应当掌握的技能。当然，高阶主管与一线主管的人际技能内涵有所不同，高阶主管是把合适的人放在合适的岗位上，人尽其才，人才资本运用。一线主管是调动员工积极性，使其能愉快地做事，激励和训练员工。

由员工提升为主管的人，专业技能和工作积极性一般都比较高，但是往往由于没有受过管理的训练，人际技能、概括技能较低。他们往往仍将自己定位于专业技术的骨干员工，这样会阻碍他们成为一个合格的主管。因此，随着职务的提升，要重视管理理论的学习，努力培养自己的概括技能。

有些人在成为管理者后会自我膨胀，有些人做管理者久了会有独裁行为，这里列举年轻管理者并发症和老管理者综合症两种：

△　专业技能、概括技能和人际技能

（1）年轻管理者并发症。年轻的设计师第一次走上领导岗位成为管理者，往往会走这样两个极端：

- 急于求成：具体表现为由于惯性作用，仍然将自己定位于骨干员工，为了把工作完成好，埋头忙于各项事务，却忘记了管理的职责是计划、安排、督导；在管理工作中虽然敢于管理，但过于急躁，方法简单粗暴，有时还会将自己的意愿强加于人，导致人际关系处理不当，容易得罪人。工作目标不明确，制订计划不周详，管理执行不到位。
- 过于和缓：具体表现为不习惯培训和授权员工，害怕得罪人，如同"好好先生"，不敢管理，认为很多事务与其花时间教员工还不如自己亲自去做，使团队疏于管理，缺乏凝聚力。

"治疗"建议：针对以上并发症，年轻管理者可以这样要求自己：

正确面对必然的挫折和痛苦，富有同理心，放平心态，杜绝自我膨胀，敢于管理、严格管理，公平对待事物。

（2）老管理者综合症。老管理者在工作中一般会有以下两种表现：

- 经验主义：习惯用惯性思维考虑事情，思想偏于保守，不愿意创新，但求无功无过。行为过程控制不利，事后检讨不予改进。对下属的指导、纠正和严格要求不够，过于泛人情化。
- 独裁主义：由于下属对上级的奉承，让管理者心态发生变化，做决策习惯后，对一切事物采取独裁主义，一票赞成或一票否决。

"治疗"建议：老管理者并不是指年龄大的管理者，而是指在同一个岗位做了 3 年以上仍然没有创新、没有进取、没有成长的管理者。因此，包括年轻管理者在内的管理者都应不断警示自己，不能安于现状，要适当地给自己、下属以压力，努力创新。

不管是 P 线还是 M 线，核心能力还是在于专业实力。了解设计师的职位、职能方向定位，有利于清楚、明确地选择自己的职业道路。

1.5　视觉设计与其他岗位同事之间的配合

1.5.1　团队合作

在互联网环境的工作中，视觉设计的工作是其中一个环节。以视觉为主要项目的工作流程与普通项目工作流程稍有不同。

有些公司省去"交互设计"这个环节，由产品和视觉分担这个角色。

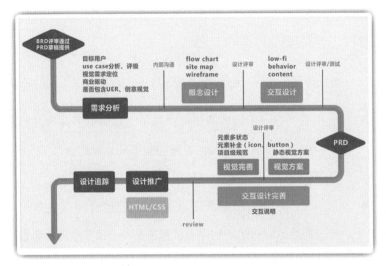

△ 普通项目

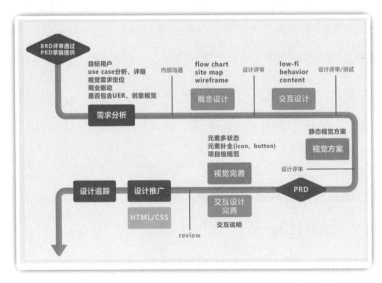

△ 以视觉为主要项目

可以发现，视觉设计师的存在，不是工作环节的全部。一个产品，需要各个环节的配合与合作，才能呈现给用户。而视觉设计师所从事的不单单是对界面进行美化工作，而是结合了研究、探讨、沟通等综合工作。要更早地向合作伙伴秀出自己的设计，以便于及时修正设计，并理解和思考合作提出的问题与方案。团队之间的合作需要互相理解、支持和信任。

1.5.2　工作沟通

1. 对外沟通——团队之间沟通

一般我做项目，先要了解产品需求，如果有需求不明确的地方，立刻找产品经理和交互设计师沟通，在视觉设计阶段去找寻我能够揣测出的各种类似的点子，分析竞品的界面，收集灵感创意、配色、元素。在打开设计软件之前，不要轻易设计，了解清楚足够的信息和需求，再开始做设计。

设计师要有足够的主动沟通意识和意愿，这是高效工作不返工的直接凭证。简明扼要地说清设计意图，你是如何思考，如何开始设计，通过设计解决了哪些问题，以及如何验证设计的。在跟团队和合作者讲设计方案之前，你就要假设并思索过程中可能遇到什么样的意见和异议，并提前准备好解答方式。要知道，你展示方案的这个行为本身就是在做设计。如何让合作伙伴了解自己的设计，这是一门学问。在设计后适当地做展示和说明，会帮助伙伴更理解设计师的设计思维、设计方向和设计理念。

好的设计是需要时间调整出来的。不同的项目有不同的需求、不同的功能、不同的用户群，需要时间去琢磨和思考。如果前期没有进行良好的沟通，那么设计方向很有可能是错误的。设计前期要知道许多支撑设计的需求，如果不了解需求，那么你所做的设计只是在为你自己而设计，而不是在为产品设计。

2. 对内沟通——设计团队内部沟通

设计团队的内部沟通有利于团队风格一致，有效的团队内部沟通能让设计师良性竞争，使设计更加出彩。有的团队由于业务结构是纵向的，使得团队之间的设计师没有横向充分的沟通。你不知道我在设计什么，我不知道你在设计什么，导致一个团队做出的风格不一致，动效行为也不一致。那么怎么建立良好的内部沟通呢？

- 讨论——定期并且积极展开设计讨论，对大项目进行内部设计评审。在讨论中，会逐步建立视觉理念，并且使团队统一设计思维和设计理念。
- 专注——设计师对于他们做的设计是充满激情的，如果你的团队有着不错的团队文化，那么团队内部的沟通会比较多，你需要让你的团队成员更专注一些。所以，比较推荐的方案是让团队成员在一段时间内保持必要的安静，专注工作；在另外一段时间内保持高密度的沟通和交流，解决问题。

开放的心态获取反馈——你对于自己喜好的设计往往会网开一面，而对不喜欢的设计会比较苛刻。这样的心态需要摆正，对于反馈和建议保持适当的开放态度，客观地分析，同样，来自视觉设计师的建议可以听取和吸收。

第2章
02 CHAPTER

设计方向和
设计理念

2.1 产品战略与目标用户对设计方向的影响

要做出好的设计，你需要了解产品，并且知道你针对的设计目标人群。如果一名设计师连产品本身都没有去了解过的话，那做出来的东西往往会一直徘徊在修改、审核、修改、审核这种无尽的循环当中。

在拿到原型图以后，我们要对整个产品的信息结构有一定的了解，要通过原型图充分地去理解每一个区域所要承载的信息类型以及信息量。产品的信息框架越清晰，那么你做出的设计成功率就越高。

工作流程为产品需求—交互设计—视觉设计，对于这一点前文有图片演示，也就是说一般我们接到的是交互稿。

设计方向的定位是帮助分析页面信息优先级、核心行为的前提。

当设计师接到一个新的设计项目，并已经有了交互设计或产品需求文档时，首先需要考虑的是：

- 这是什么互联网产品？

- 它的目标人群是哪一类？

- 需要达到什么目的？

- 信息内容重点是什么？

这些问题决定了这个界面呈现出来是给谁看的、用的，给公司带来什么利益，以便决定设计方向。

2.1.1　为什么要确定设计方向

确定设计方向，可以使全程设计方向不偏移。在设计中，决策者容易被他人左右或者摇摆不定，在个人喜好的设计风格面前，非常容易将产品策略和目标人群忘记。这时候需要把设计方向拿出来重温，可以删减或添加设计内容，但设计的主体和大方向需要确定没有偏移。

在每个产品的视觉设计方案中都包含着大大小小各种设计决策。关于采用这些设计决策的理由，无论别人提出怎样的问题，优秀的设计师都会给提问者一个清晰的答复。

如果产品定义目标人群的年龄是 18~25 岁，以下两图哪个配色是合适的？答案是左图，左图的色彩代表了青春、活力，这些色彩本身是代表年轻人的色彩，进行相关搭配以后，更能从配色上引起目标用户的共鸣。右图是比较沉稳、内敛的色彩，一些奢侈品网站经常会使用这些色彩搭配。

△ 目标人群年龄是 18～25 岁的色彩辨别

如果是商务类的产品，以下哪个配色是合适的？

△ 配色引导用户群

　　由上面的图可以看出，如果目标人群是年轻人，那么视觉设计风格和方向就要偏于活泼的设计；如果是商务类的，那么设计上偏沉稳，用色也就相对稳重。同样的，不单单是配色上有影响，在产品视觉风格设计上也会产生影响。就现在来说，扁平设计风格成了主流风格，很多设计都在使用扁平风格，因为扁平风格削弱了装饰性元素，突出了信息本身，属于一种轻设计。

　　同样的信息，在视觉的表达上也有不同的方式。同样是设置、发现、首页，不同的 App 在基本结构一致的情况下也有很多风格差别。
风格不同，吸引的人群也不同。下页图中左图金属质感强烈，配色使用
蓝黑，代表机械的设计风格，吸引男性用户。右图质感柔和，配色使用
白灰，凸显简洁的风格。

△ 相同信息的不同视觉样式

icon 要用圆角还是直角？圆角 icon 看起来更可爱一些，而直角
icon 让人感觉端正、严谨。

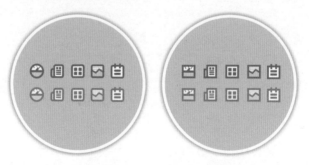

△ 直角和圆角 icon 有不同的感受

icon 是用面还是线型？这背后的设计语言逻辑是不同的，采用

"面"的 icon 层级更高一些，而线型 icon 的层级弱一些。

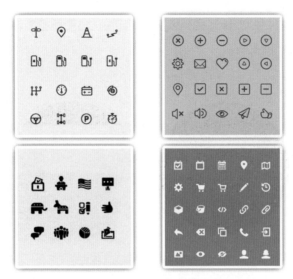

△ 线型和实色 icon 有不同的感受

例如：同样是腾讯的产品，微信和手机 QQ 中的 icon 就完全不一样。其原因是产品面向的人群不同，手机 QQ 更偏年轻化。

△ 微信和手机 QQ 中 icon 的区别

所以产品的战略以及目标用户会对设计风格和方向产生巨大影响。相反，不同设计风格和方向也会吸引不同目标人群关注这个产品。

2.1.2　确定设计方向的调研方法

确定设计方向的调研方法有：历史设计分析、眼动测试、用户访谈、竞品分析。眼动测试和用户访谈是用户研究范畴之内的，就不一一介绍了，在这里我详细介绍历史设计分析和竞品分析。

1. 历史设计分析

在确定设计方向之前，需要对现有的设计进行分析，发现问题，思考问题，和用户调研紧密配合。拿我之前设计和参与的项目来详细地举例子。

这是一个购买机票的航班选择的列表页（界面中的信息是为了突出效果而做的，并不是实际信息），历史的界面设计将航班的时间与地点分离开。将信息的视线导向画出来，会发现信息的亲密性是跳跃的。

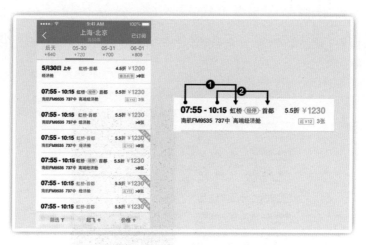

△ 历史设计分析—跳跃的视线导向

利用设计自审方式（后文会解释如何设计自审），我们发现设计的比重偏左，造成整个页面左重右轻。这说明左边的信息多，字体大，字体颜色重。相反，右边价格区域，在字体与左侧时间大小一致的情况下，颜色明度过大，削弱了内容体量感。

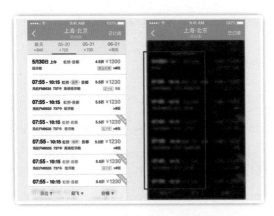

△ 历史设计分析—设计比重偏左

将内容去除以后，发现"间隔线"的作用没有体现出来，这样的区隔设计因为不明显而失效了。在视觉设计中，似是而非的设计应尽量避免。

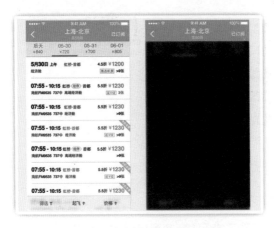

△ 历史设计分析—失效的间隔线

从信息模块上分析有 4 个层级，用户需要的是列表内容，列表页的无色背景配色比较多，哪层在哪层之上区分不清。

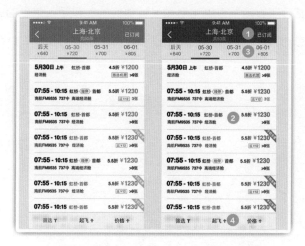

△ 历史设计分析—颜色相近且过多的视觉层级

将这个现有设计的痛点分析出来以后，我们可以针对性地进行改进，结合竞品分析的结果，进行优化设计或改版设计。

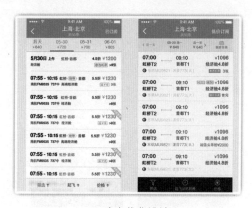

△ 痛点优化设计

将跳跃的信息进行整合，让信息有故事性：什么时间、地点到什么时间、地点，多少钱。

信息整合了，接下来就是考验设计功底的时候了。信息的主次对比设计、信息对齐的规则、配色的规则和字体的选择对整个设计都是至关重要的。

△ 优化设计

重新对页面的层级进行梳理，合并了 1 和 3 层级，用背景的方式使整个页面层级更清晰。

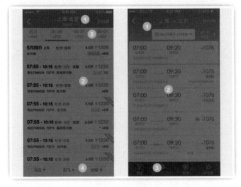

△ 合并层级

　　针对新的优化改版稿进行设计自审，发现整个设计的比重左右均衡了，所有信息的体量感也一致，模块之间的区隔清晰明了，是有效的分割方式。

△　设计自审

　　对比历史设计和优化过的改版设计的自审稿件可以发现，优化的设计达到了设计目的。

△　对比设计自审

在视觉设计中，严格的参考线使整个页面的气质提升，并且有理有据。最终一些竞品设计也往这个方向改版，说明这个设计是成功的，并且是我的设计专利之一。

△ 最终优化设计

2. 竞品分析

竞品分析，顾名思义就是对竞争对手的产品进行分析，因为产品的内容极其相似，所以如果是市场上已有的产品，就可以分析相似的设计、相似的产品。这里的竞品分析指的是视觉上的竞品分析。竞品分析会使设计方向更有理论依据、不偏移。

1）选择目标竞品

因为竞品分析的目的是用来指导我们进行设计优化和改进的，所以可以选择我们的竞争对手作为目标竞品，我们可以了解竞争对手，比较两者之间的差距，得出可用和有效的分析结论，从而借鉴于设计的优化和迭代，并且用来增强我们设计的产品本身的竞争力。也可以选择有同样产品需求的设计进行竞品分析。

比如我们的产品是购物类 App，那么淘宝网、1 号店、京东商城等我们就可以直接当竞品了，因为它们的共同点是核心功能都是购买物品。

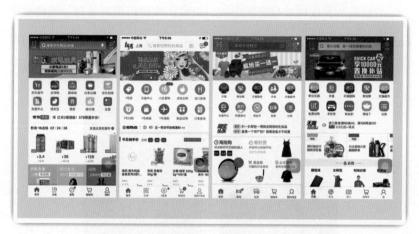

△ 同类竞品分析

2）明确竞品目的

如果把竞品之间所有的功能和页面都拿来比较分析，是很难将竞品分析做到深入细致的，大而全容易肤浅。所以说还是要从自己的目的——是想把界面设计得更美观，还是想设计一个更漂亮的引导或者启动页面，来思考清楚我们分析竞品的出发点，找到我们需要分析的功能或者页面去进行比较，才能更有效更深入，才不至于泛泛而谈。

在做历史设计分析的时候，我是从界面层级、亲密性、配色占比、界面重心等角度进行分析的，那么在做竞品分析的时候我还是会从这些角度进行，不过在比较的过程中我们需要结合交互和界面功能进行分析。视觉的竞品分析，是离不开交互行为和产品功能的。进入具体的竞品分析，主要有以下 3 个方向：

第一，画出竞品的层级图。

把竞品的大模块层级图画出来，类似上文进行层级编号。这样就可以从整体上对竞品进行一个认识和把握，通过对比了解竞品之间的差异，主要是了解交互和功能方面的差异，从而为后面的功能分析做铺垫。

△ 绘出大模块层级

第二，以界面层级为线索进行竞品分析。

在把竞品的界面大层级区分出来的基础上，把竞品的界面细节和更细致的层级区分出来，这也是下一步要做的事情。

　　找到我们与竞品最核心的一个或者多个界面进行对比，把涉及的界面（视觉表现）进行比较分析，然后结合目标人群定义，得出自己的改进建议，并给出理由。

　　比如，我的产品是一个查看航班动态的 App，那么对于用户来说，需要知晓这个航班的出发时间和地点，到达时间和地点，现在的飞行状态是怎样的。那么我们就要把这个界面拉出来对竞品进行分析，看看竞品对这个界面是如何设计的。

　　竞品是信息纵向结构，在右侧有明显的图标设计用来表现状态提醒。无论是到达还是起飞，运用的都是蓝色。竞品所展现的信息，通过用户研究，证实是用户所需要的，这一点是共通的。

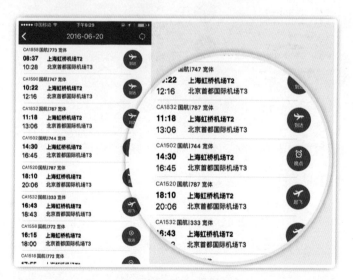

△　同类界面的竞品分析

下图右侧是根据竞品分析之后做的设计稿，信息的维度和竞品不同，排布方式也是纵向的，但是和状态的连接性加强了。飞行状态是重要的，表现方式上使用不同的颜色代表不同的状态，但是不使用图标，而是放大文字，提高阅读性。

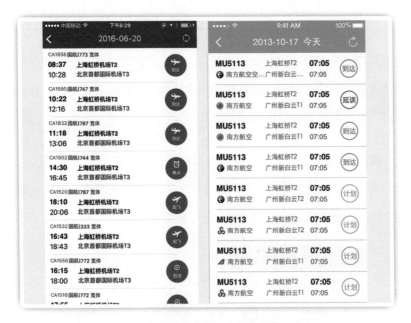

△　根据竞品分析做出的优化稿

最后根据自审设计继续改进界面，让界面仍旧充满故事性：什么时间、地点到什么时间、地点，起飞、到达、延误，等等。

竞品分析的目的：通过对比竞品的界面，得出可以改进我们界面的方案，制定设计方向和理念。值得注意的是，不要因为竞品中有一些与自己产品不相符的设计而盲目跟风，也不要因为竞品没有一些自己的创意而扼杀了创造力。

△　根据自审设计继续改进

第三，以界面风格为线索进行竞品分析。

可以将相关产品列出，从色彩种数，色彩占比分布，层级，字体、字号种数，icon 和按钮风格，整体视觉设计风格上去做分析。在界面设计前，针对同一类型的产品进行分析，取长补短。同一个功能，在其他界面中是怎么设计的，这么设计是不是合理，是不是有更好的设计方式和解决方案？借鉴其他界面中好的设计，避免犯同样的错误。

下页图是安卓界面的演化史，Android 1.1～4.4 的设计富有以下几个特点：

- 科技感

- 保守、质朴

- 色彩较单一

- 动画匮乏

- 字体设计不断改进

- 图标开始简洁写实趋势

Android L . Material Design 的设计风格阶段富有以下几个特点：

- 图标更简洁

- 色彩绚丽、醒目

- 动画丰富、有逻辑

- 用纸张、卡片表现并强调层级

- 设计的一致性横跨所有平台

△ 安卓演化史

而 iOS 的演化史更是从拟物化设计发展到扁平化设计。

△　iOS 演化史

各类手机操作系统的设计风格

Windows Phone	iOS 7 / 8	Android L	MIUI、锤子	Others
极致扁平，磁铁概念	扁平与拟物的交合，交互和细节仍存在拟物化元素	基于多色卡片设计，建立了明显的多度层级结构，有较为明显的层级	有多种表现层级手法	简洁扁平风格为主，卡片式以及层级概念已开始使用得多起来

　　竞品分析，并不是为了输出一份竞品之间的功能对比清单报告，这样的报告是毫无意义的。我们更需要的是分析这个功能对比清单，并且得出我们的看法和建议。竞品分析的落脚点在于形成自身区别于竞品的核心竞争力，即我们要通过竞品分析来提高产品自身的核心竞争力，而这个核心竞争力往往体现在与竞品的差异性方面。通过分析竞品的这些方面，可以有效地定义设计方向。

2.2　贯穿全局的思维——层级概念

　　互联网产品视觉设计其实是将很多的产品思维和逻辑条，通过梳理，串联起来成为一个完整逻辑，用美观的形式体现出来。这些逻辑条都是有层级的，有的重要，有的次要。有的需要主动发现，有的是被动发现。有的可以阅读，有的可以操作。

就像我们写一本书的时候需要目录、大纲，画一幅画时需要从大框架开始打基础，而一个网站则具备网站地图，每个产品的每个页面和模块中都包含着层级思维。

2.2.1 为什么要掌握分析层级的能力

我们看下面图中的例子，左侧是设计师期望用户的浏览方式，右侧为用户实际的浏览方式——摘自《Don't make me think》（中文：《点石成金：访客至上的网页设计秘笈》）。

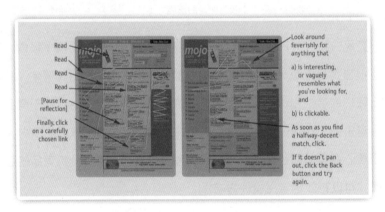

△ 设计师期望用户的浏览方式 vs 用户实际的浏览方式

用户来到一个网站有自己特定的目标，如阅读新闻、看广告、购物。如果信息量太大，那么逐一查看需要花费大量时间，这就要求界面能抓住主流用户特征，将重点推送给他，用户找到自己的目标或感兴趣的地方，才有可能继续浏览或产生下一步操作，否则就会离开或关闭界面。

用户时间有限以及互联网信息量巨大这两个条件，正是视觉设计师要建立良好的视觉层级呈现给用户、帮助用户快速找到目标的原因。建立层级有提高识别效率、激发用户兴趣的作用。

举个例子：

当用户搜索特定艺术馆时，下图中左图是街区内特定的艺术馆所在位置。当用户搜索艺术馆时，右图是街区内所有艺术馆的所在位置。

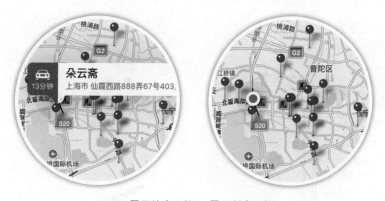

△ 展示特定目标 vs 展示所有目标

在特定的情况下只显示必要信息，有利于用户高效地找到自己的目标。利用视觉的层级表现方式，可以很好地体现这个理念。

怎样建立视觉层级？决定不展示什么，让页面简约，不过它的前提是所呈现的内容都是 80% 的用户在多数情况下的必要需求，这样可以让设计师专注于解决重要问题，而不是大量的信息没有经过筛选就开始排列。

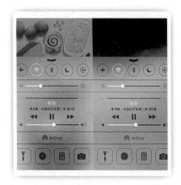 

△ 明确操作层级

界面的层级布置是由功能、操作、内容等，按照需要的优先级进行排列组合的。

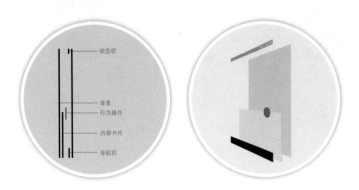

△ 层级的体现

手机端界面的层级可以分为：背景层、内容层、操作层、状态层。产品信息层级可以使用清晰的视觉层级手法去表现，给用户带来明确的信息框架，通过视觉差异将信息分类。

如果一个产品毫无层级概念，那么体现给用户的会是怎样的感受？我们来对比一下：

下图为操作行为层级，界面想告诉用户："看！这个物品可以购买！其他不行！"如果不把这个区分开，那么用户会忽略可以购买的商品信息。

△　无层级和有层级的对比

了解产品的信息框架，并通过我们的设计，将这些信息友好地展示出来。把不同的信息、层级，通过色彩、样式等展现手法让用户明白产品功能的用意。

不同信息类型的排版差异化加上同类信息的色彩统一，可以让用户一眼就能明白信息与信息之间关系。与此同时，你还能逐渐地建立起整个网站的设计规范，不仅仅是受益于现在，在今后的改版中你会感谢今天所做的一切。

2.2.2 建立信息层级的视觉方法

视觉表现手法主要有以下几种元素，实际设计中为了让效果拉开主次，可能会同时使用多种方法以达到更好的效果。

1. 位置

位置是在设计开始就会考虑的元素，人眼观看事物时，总会遵循一些特定的规律，在设计上遵循这些规律，能帮助用户更容易、更快捷地看到或理解眼前的事物。其中有两条规律和位置设计元素有关：

（1）当眼睛偏离视中心时，在偏离距离相等的情况下，人眼对左上的观察最优，依次为右上、左下，而右下最差。因此，左上部和上中部被称为"最佳视域"。

例如，网站 LOGO、商品名、主题等重要信息，一般放在最佳视域内。当然，这种划分也受文化因素的影响，比如阿拉伯文字是从右向左书写的，这时最佳视域就是右上部。下图是摘自《网页界面设计艺术教程》对一个屏幕划分后，用户对不同位置的不同的关注度。

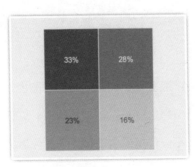

△ 视域占比

（2）眼睛沿水平方向运动比沿垂直方向运动快而且不易疲劳，一般先看到水平方向的物体，后看到垂直方向的物体。

如下图所示，左右的关注度差别要小于上下的关注度差别，如想要体现并列的关系，左右排列会更合适；而如果要拉开差距，仅通过位置来实现，上下排列更容易达到目标。

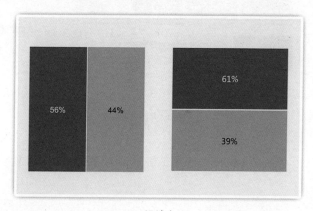

△ 视域占比

举个例子：如下页图 Yahoo 首页，中间大图是当天的焦点新闻，在信息层级上为一级信息，在视觉表现上不仅面积大、内容形式用大图，位置也放在优势区域，可能 98% 的用户会先关注到这个区域。

2. 大小

在确定了模块的位置后，我们会考虑给这模块多大的地盘，大小会很直观地反映信息的重要等级。

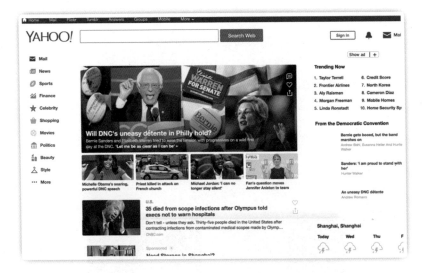

△ Yahoo 大图占比

　　Giles Colborne 的《简约至上》书中的结论可以指导我们通过大小拉开差距：

　　（1）重要的元素要大一些，即使比例失调也可以考虑。

　　（2）要想办法表现出差距；如果一个元素的重要性是 2，那就把它的大小做成 4。

　　还是以 Yahoo 首页为例，目前的设计中间的焦点新闻图占的面积和下方的新闻图对比拉开了差距，使得用户容易先关注到一级信息而且不容易被周边干扰。

　　我们对两个新闻图片的面积进行对比可以看到差距有 4 倍左右。

除了元素本身所占的面积会影响视觉层级，元素的细节放大程度也同样起作用。细节放大后，人眼会感受到元素更清晰、离眼睛更近而容易先去关注，当然前提是保证信息可被理解，如果局部细节放大但用户不能理解信息是什么就不能起到吸引用户的作用。

3. 距离

前面讲到将元素的细节放大，眼睛会感觉离它更近而被优先注意到。虽然信息展现的媒介是个平面，但是通过视觉手段能体现出三维的效果。除了大小，还有其他视觉手法如下：

（1）拉远三维距离。想要达到距离被拉远的效果，下面列举的方法是让信息变得不清晰，眼睛看起来无法对焦到信息上面，包括模糊元素等。

降低透明度或增加半透明图层——在界面色彩或元素比较多的情况下，仅降低透明度也可能无法拉开距离，如下页图希望突出输入项，背景模糊并且降低透明度后明显拉开差距，背景自然地退到视线后面了。

（2）拉近三维距离。增加投影——最常用到的让元素看起来和其他内容不在同一平面的视觉手法。通常像弹出框、鼠标移上后出现的浮层等由于要压在其他信息之上，增加投影能帮助用户聚焦在带投影的模块上而不受下面信息的干扰。

△ 模糊元素

△ 三维距离

4. 内容形式

　　确定了模块的位置、大小和距离关系后，我们会继续考虑内容的形式包括视频、图片、文字等，这里主要讲我们经常使用的图形和文字。相比文字，图片在抓住用户眼球这一点上是功不可没的，同时还能使用户在短时间内形成形象记忆。从视觉层级上，人眼一般会先关注图片后关注文字。但仅仅这点还不够，通过图片抓住用户眼球后引导视线到下一个关注点，是设计上更多会考虑的，概括起来有以下三种表现手法：

　　（1）方向性引导。图片中的形象有些具有明显的方向性，如人眼注视的方向、手势所指的方向、物体运动方向、光照方向等，这些特征会引导人眼视线朝着设定的方向运动，从而达到视觉层级有主有次的目的。

　　下图假设中间的人物首先吸引了人的视线，为第一层级的信息，由于人脚踢的方向为右侧，使得用户关注的下一个目标会转向右边的文字，为第二层级的信息。

△ 视线引导

（2）符号引导。除了图片，一些符号本身带有顺序和方向性，也能有效引导视线根据符号来浏览，包括阿拉伯数字、字母顺序、时间顺序、箭头等。

△ 符号引导

（3）时间轴引导。时间轴在界面中应用也很广泛，人眼会受时间顺序的影响去浏览信息，甚至会打破常规的如从左到右的浏览习惯。下图中虽然"01"的位置在右边，打破了从左至右的浏览习惯，但是更容易引导用户优先浏览，时间轴对信息的影响更明显，一般用户会优先查看"01"，再根据时间先后从右向左关注"02"。

5. 色彩

色彩是影响用户对界面第一印象的重要因素，色彩的应用对视觉层级的影响也能起到立竿见影的效果，总结起来，人眼对色彩的关注度差别主要有以下两点：

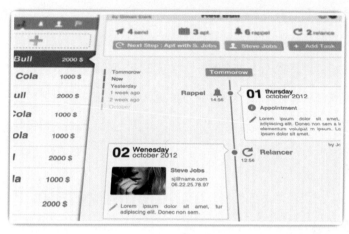

△ 时间轴引导

（1）先暖色后冷色。色彩的不同色相对人眼的刺激及产生的反应目前还没有找到绝对的先后顺序，但是冷色类和暖色类色彩是有明显的层次差别的。下图中，人眼一般会优先看到左侧的图片，这和人眼对不同波长的反应有一定关系。

△ 暖色与冷色

从生理学上讲，人眼晶状体的调节，对于距离的变化是非常精密和灵敏的。我们能判断出物体离我们的远近，但是它有一定的限度，对于波长微小的差异就无法正确调节。眼睛在同一距离观察不同波长的色彩时，波长长的暖色如红、橙等色，在视网膜上形成内侧映像；波长短的冷色如蓝、紫等色，则在视网膜上形成外侧映像。因此，暖色好像在前进，冷色好像在后退。

（2）先高反差后低反差。除了冷暖色对眼睛的刺激不同，色彩的反差是最容易造成关注度差别的因素。在自然界，动物为了生存，运用的保护色就和反差相关。

2.3 视觉设计流程与方法

视觉设计流程是：研究分析，设计草案，设计辩证，设计提案。

△ 视觉设计流程

2.3.1 研究分析

如果界面需要改版，或者重新设计，那么在设计前期，需要对目标用户进行调研和研究分析，这是一个必要的过程。设计师需要了解界面的目标用户是谁，他们通过怎样的行为使用界面，他们对界面有什么需求。

1. 目标用户分析

什么是目标用户？目标用户是最终要使用这个产品的用户群体，就是这个产品做给谁使用。企业或商家提供产品、服务的对象。目标客户是市场营销工作的前端，只有确立了消费群体中的某一类目标用户，才能展开有效的、具有针对性的营销事务。用户研究的首要目的是帮助企业定义产品的目标用户群，明确、细化产品概念，并通过对用户的任务操作特性、知觉特征、认知心理特征的研究，使用户的实际需求成为产品设计的导向，使产品更符合用户的习惯、经验和期待。

在互联网领域内，用户分析主要应用于两个方面：

- 对于新产品来说，用户分析一般用来明确用户需求点，帮助设计师选定产品的设计方向。
- 对于已经发布的产品来说，用户分析一般用于发现产品问题，帮助设计师优化产品体验。在这方面，用户分析和交互设计紧密相连，所以你还需要了解一下交互设计的基本知识。

（1）用户分析的意义。用户分析不仅对产品设计有帮助，而且让产品的使用者受益，对两者是互利的。对产品设计来说，用户分析可以节约宝贵的时间、开发成本和资源，创造更好、更成功的产品。对用户来说，用户的研究和分析使得产品更加贴近他们的真实需求。通过对用户的理解，我们可以将用户需要的功能设计得有用、易用和爱用，以解决实际问题。

（2）用户分析的方法。用户分析有很多方法，一般从两个维度来区分：

- 定性到定量，比如用户访谈就是定性，而问卷调查就属于定量；前者重视用户行为背后的原因，后者通过数据证明用户的选择。
- 态度到行为，比如用户访谈就属于态度，而现场观察就属于行为，从字面上可以理解，用户访谈是问用户觉得怎么样，现场观察是看用户实际怎么操作。

（3）建立用户模型。做目标用户分析的时候，我们需要建立用户模型。用户模型是虚构出的一个用户用来代表一个用户群，它可以比任何一个真实的个体都有代表性。

怎么建立用户模型？

- 目标用户群体定位维度：一般按照年龄段、收入、学历、地区几个维度建立。
- 目标用户特征定位维度：按年龄、性别、出生日期、收入、职业、居住地、兴趣爱好、性格特征、浏览过的网站等建立。

（4）提炼目标用户与产品相关特征。

- 电子商务类：购物习惯、年度消费预算等。
- 交友类：是否单身、择偶标准等。
- 旅游类：是否喜欢旅行，旅行次数，国内旅行和国外旅行经验。

△　用户信息标签化

有了这些定位和特征，就可以根据目标群体围绕目标用户特征建立用户角色卡片，这就是用户模型。通过这些研究，将这个角色卡片放进实际场景中进行设计。

目标用户分析能可视化地帮助我们在工作中更好地决策、设计、沟通。

2. 素材收集、整理

图库、icon 库、banner 库、元件库，这些都能帮助我们在设计的时候产生联想，激发创意，所以对这些素材的收集是必要的，累积得越多，设计过程中的"思路源泉"越多。

3. 设定设计理念

在设计前初步地设定设计理念。设计理念是设计师在构思过程中所确立的主导思想，它赋予了设计内涵和风格特点。好的设计理念至关重要，它不仅是设计的精髓所在，而且能令作品具有个性化、专业化和与众不同的效果。

△ 收集设计素材

Material Design 的设计理念就是一个非常好的例子，贯穿全局的设计思路让设计师设计方向不偏移。

△ Material Design 的设计理念

Material Design 的核心思想就是把物理世界的体验带进屏幕中去，去掉现实中的杂质和随机性，保留其最原始纯净的形态、空间关系、变化与过渡，配合虚拟世界的灵活特性，还原最贴近真实的体验，达到简洁与直观的效果。

而 iOS 的设计理念一直专注于简单。苹果公司一如既往地关注设计的理念，从前几年发布的 iOS 看，苹果公司终于走出了旧时代的设计，即拟物化设计，而采用了扁平化设计和更加简约的设计方式。

△　扁平化设计理念

从图标到菜单，一切都是扁平的。这种转变让操作系统看起来更现代，更加赏心悦目。操作系统由于这种新的设计理念而变得更有生命感和现代感。扁平化是如此有吸引力。现在大多数的界面设计已经走向扁平化，扁平化设计理念的核心意义是：去除冗余、厚重和繁杂的装饰效果。具体表现在去掉了多余的透视、纹理、渐变以及能做出 3D 效果的元素，这样可以让"信息"重新作为核心被凸显出来。同时在设计元素上，扁平化则强调了抽象、极简和符号化。

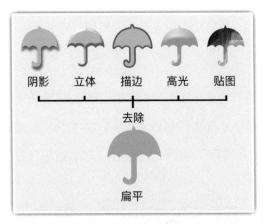

△ 扁平化设计理念

扁平化的设计，尤其是手机的系统直接体现为：更少的按钮和选项，这样使得 UI 界面变得更加干净、整齐，使用起来格外简洁，从而带给用户更加良好的操作体验。因为可以更加简单、直接地将信息和事物的工作方式展示出来，所以可以有效减少认知障碍的产生。

扁平化的设计，在移动系统上不仅界面美观、简洁，而且还能达到降低功耗、延长待机时间和提高运算速度的效果。

下页图中 App Store 的购买按钮就是"扁平化理念"中的创新。在同一个位置，由于后台操作阶段的不同，给用户展现的内容就不同。当我们对一个 App 有兴趣的时候，可以点击"获取"，然后点击"安装"进行 App 安装，等待一段时间以后，有进度条表示正在下载，最后安装成功可以点击"打开"。

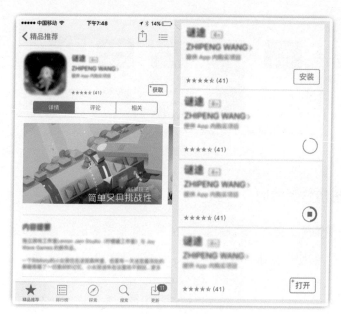

△ App Store 的购买按钮创新

　　这里的"扁平化设计"不单单指视觉风格，还是一种空间位置上的扁平创新设计。

　　设定设计理念，需要在设计完视觉稿之后，将统一的设计方向、多次复用的设计规则联系起来，形成一套完整的设计体系，从而定义设计理念。

2.3.2　设计草案

　　设计草案时，可以运用情绪版设计。它诞生于 20 世纪的非信息时代，参与者被要求从日常的报纸杂志中挑选出符合某种心情意境的图片，剪下来粘贴在一起。现在的界面设计中，也会运用到这类方法。

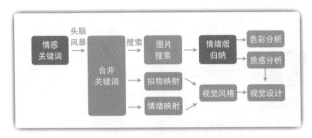

△ 情绪版制作流程

1. 提炼情感关键词

所谓情感关键词，就是我们产品的视觉所要表达的情感感受，这是从 0 到 1 做视觉设计的第一步。

视觉设计团队可以一起来讨论产品的情感关键词是什么，首先需要确认的是这三个问题：

- 我们的产品要解决的目标是什么？
- 我们面对的主要用户群是什么样的？
- 我们希望用户在使用产品时，产生什么样的情绪感受？

这些问题会延伸出很多主观表达，设计师可以运用记录的方式，一边讨论，一边把听到的关键词记在黑板或墙上。比如我们想做年轻人的旅行产品，就可以记下诸如好玩、热情、丰富、酷炫、休闲等各种情感关键词，这都是团队成员希望这个产品成为的样子。但是在做视觉设计的时候收集的目标不能太多，在记录中可以把优先级不高的去掉，把重复的感受合并。

举个例子：我们要做一个美食类的 App，那么我们可以围绕着美食发散思维，关于美食你会想到什么呢？

△　提炼关键词

我们想到了这么多具象表现的词汇和抽象表现的词汇，那么接下来我们就针对这些词汇去找对应的图片。

2. 情绪映射——搜索相似感受的图片

有了关键词事情还不是那么简单，因为每个设计师会对同一情感有不同的认知。比如你认为的阳光是蓝天白云，而我认为的阳光是绿树草地，这就会导致后续视觉设计在颜色偏好上有争议。所以我们必须靠情绪版归纳，把每个人对情感的抽象理解具象成实际可定义的元素。我们可以再找一些符合这些关键词的图片。

将图片收集起来，进行筛选，将一些重复的图片去除，留下不同元素的图片，来看这些图片的共性。

△ 图片收集

△ 图片归纳

这个情绪映射对我们到底有什么用呢？

- 图片上出现的颜色、元素和感觉，就是我们接下来做视觉设计的时候可以用到的。图片中的配色可以直接被借鉴在界面里。
- 帮助统一"审美观"。因为图片的收集让设计师都参与进来，因此对结论的异议不会很大。
- 在做情绪归纳的过程中设计师本身也在跟着思考和完善自己的感觉。

3.拟物映射——将有源的设计提炼到界面设计中

产品的运用来源于生活，将生活中的联想结合到设计中。拟物化的设计，比如皮革材质、木纹材质的运用可以让设计变得更亲切。当然这只是获取设计风格方向的一种方式。

下图中将木纹和文件夹结合在一起，形成一种视觉设计风格。

△ 生活中的设计联想

拟物化映射设计是对从一个对象到另一对象的视觉线索的应用。

关于拟物化设计最常被引用的例子是苹果公司的 iOS 7 系统的设计风格。例如，iBooks 应用程序看起来像一个真实的书架——有关一个书架的视觉线索（木质纹理、阴影和纵深感等）被使用在了应用程序的用户界面里。

拟物化映射设计的重点是为用户提供即时语境，通过模仿大家所熟知的日常物体作为视觉线索，这样的设计方式能降低用户去了解如何使用产品时花费的认知成本。

△ iBooks 的拟物化映射设计

理解了这些，你就能知道实际上拟物化映射设计不仅仅是一个设计趋势，它还包括一个设计理念——把现实生活中的对象用作视觉隐喻，使产品更便于使用。通过使操作直观化的方式，用户只需要看一遍，就能知道一款应用程序是关于什么的，以及如何使用它。

因此，照片应用程序中的图像看起来像一堆真实的照片。电子书看起来像真实的书籍，结合现实应用到它的翻页功能。按钮看起来像光滑的真实按钮，所以用户立马就知道他们可以按下。

这是拟物化设计的魔法：用户界面在使用中变得顺理成章。

我们仍然需要拟物化映射设计，因为没有它的设计会缺乏易于理解的情境。特别是面对复杂的任务时，这些设计变得很难操作。

iOS 设置中的开关按钮设计就是根据扁平化设计的原则进行了重新设计，其基本的拟物化灵感：一个真实的旋钮。从白色圆形旋钮下方浅浅的阴影可以看出一个真按钮的影迹，所以你的大脑不用花太长的时间来辨认：这个圆圈是一个可操作的按钮。

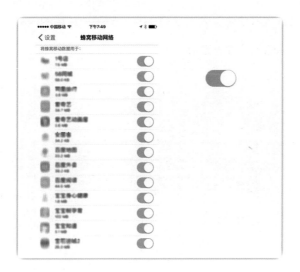

△ iOS 的开关按钮设计

阴影其实是拟物化平面设计的一个关键因素，因为它告诉我们视觉元素的空间背景。这些因素连同大量应用视差和模糊系统相互作用的影响，在面对 iOS 7+ 的视觉界面的时候，给人一种很真实的质感。

4. 大模块细节深入

设计中有一句话叫"细节决定成败"，考虑周到的细节，会给整个设计加分，并让用户看出设计师的用心。这里说的细节是界面的大模块细节，颗粒度还没有细分到元素级别。界面的模块细节大致从亲密性、对齐性、一致性 3 个方面体现。只要掌握这几个维度，界面的层级关系基本就能确定。亲密性代表着模块距离与信息规整性；对齐性和一致性代表着界面风格、理念与品格。

1）亲密性

在页面或者模块中，含有父子关系、父子孙关系的信息，这些信息越紧密，信息的亲密性就越高。

△ 亲密性

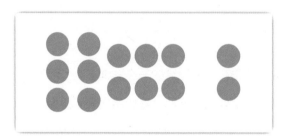

△ 接近法则

根据格式塔（Gestalt）心理学可知：当对象离得太近的时候，意识会认为它们是相关的。

2）对齐性

对齐在功能型页面中的使用非常多，什么时候左对齐，什么时候右对齐，什么时候居中对齐，都是有相对应的方案与依据的。一些表单设计中对齐的设计也很常用。

　　在阅读类界面中运用的是左右对齐的方式，购物列表页的界面采用左对齐的方式，而音乐类的歌词大多采用居中对齐的方式。

△　对齐形式——左对齐、左右对齐、居中对齐

　　通过对齐方式是完全可以区分内容的层级关系的，这就是对齐方式的隐形作用。将信息层级通过这种方式罗列在用户眼前，让用户从最近视角展示产品的核心信息，提炼出用户在场景中最为关注的诉求，解决用户的问题。

△　对齐的依据是页面层级

3）一致性

视觉设计中的一致性指的是层次、比例、颜色、质感、排版等在设计上达到一致性。一致性是设计过程中的一个基础原则，它要求在一个（或一类）产品内部，在相同或相似的功能、场景上，应尽量使用表现、操作、感受等相一致的设计。一致性的目的是降低用户的学习成本，降低认知的门槛，降低误操作的概率。

同一套设计中的一致性非常重要。细节的一致会使整个设计产生共鸣和联系。

例如，目前手机上最流行的两种操作系统——Android 和 iOS，它们在 UI 层面都有各自的设计标准文档，这些文档规定了在相应的系统下标准的控件、布局、动效，甚至颜色的使用方式。它们的存在使得在同一个操作系统中，完成相似的功能的操作基本一致。

2.3.3　设计辩证

1. 审查层级关系

审查层级的设计是否准确。建立良好的信息层级，能让用户在有限的时间里，快速获取和理解有用、感兴趣的信息，并产生下一步行为。

2. 审查页面视觉流

运用视觉表现手法建立信息层级后，需要设计师不断审视用户的浏览顺序是否真如我们期望的层级 1 到 2 到 3……，包括页面大模块和模块内的浏览，这些浏览顺序会在页面上形成视觉流。

△　审查层级

审查页面视觉流能帮助我们判断用户浏览页面是否顺畅，浏览的顺序是否有规律可循；如果我们的设计不能有效引导用户的视线，用户的浏览更趋向于随机性，就难以将希望表达的信息快速传达到位。

下面两类是常用的视线流：

（1）横向视线流。

横向视线流引导用户视线从左到右或从右到左视觉流动，是最符合用户视觉习惯的浏览方式，给人稳定、可信之感。

（2）纵向视线流。

纵向视线流引导用户视线从上到下浏览，由于眼睛纵向的运动方式需要瞳孔不断对焦，当纵向扫视页面模块时效率和横向浏览相差不大，但阅读细节时效率会变低。

△ 横向视线流

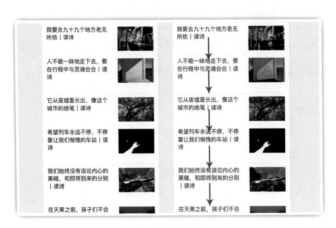

△ 纵向视线流

界面的纵向高度限制比横向小，因为用户习惯上下滚动来浏览更多信息，当用户还处于确定目标信息时，纵向视线流能帮助用户在不需要回扫的情况下获取更多信息。

3. 审查元素复用

在设计中可以使用复用的方式，界面的设计是一个体系，每个页面中相似的地方是否复用设计、保持一致，可以一一检查验证。

有些在界面中共用的元素也可以在各分支页面中重复使用，那么可以复用的设计有什么好处？

对视觉设计师来说，按钮只需要有限的若干尺寸样式，不同产品线或功能点只需换个颜色甚至直接套用。

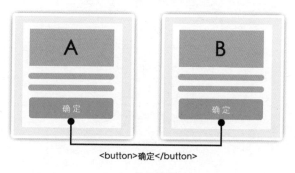

△ 复用按钮

对于网格系统和页面头部、尾部来说都是具有界面的唯一性的，复用使界面一致性更高。

而对用户来说，简单的几个样式贯穿整个产品，既降低学习成本、易于使用，又能让用户更专注于内容，这就是用户体验的重要原则——

"一致性"。

4. 自我审查的方法

前文所讲的是历史设计的自我审查，在这里给大家分享一种不使用眼动仪就可以初步自我审查视觉设计的方法。自我审查可以让设计师从设计维度中跳跃出来，并能快速找出一些粗浅的设计弊端。下面我详细介绍一下自我审查的方法：

首先将设计稿在 Photoshop 中打开。

△ 打开需要的文件

将设计稿的图层复制一份，并将新复制的图层进行去色，利用图像—调整—黑白工具。

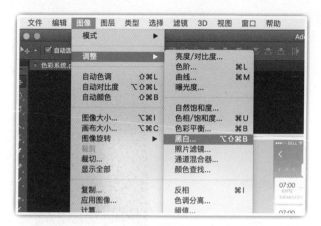

△ 去色工具

上一步的复制原稿动作是为了能有效对比设计。

△ 原稿与无色状态

将右边的无色设计稿（下文简称无色稿）进行反转颜色操作，使所有颜色反相，可以利用快捷键 Ctrl+i。

△　反相无色稿

将无色稿进行高斯模糊，工具路径是滤镜 – 模糊 – 高斯模糊。

△　高斯模糊路径

这样就完成了一个简单的界面热点效果，可以进行初步的视觉自我审查。进行对比，看哪些视觉层级是合理的，哪些存在不合理之处，是需要改进的。需要特别注意的是，在自我审查的时候，是需要与原稿一起对比查看的，进行对比的自我审查效果不至于太片面。

△ 设计自审

2.3.4 设计提案

1. 保持阶段目标一致

有些设计师可能会遇到这样的烦恼：当拿着自己改进后的视觉稿去找产品经理时，却经常碰一鼻子灰，设计稿被无限拖延甚至直接否掉。其实很多时候是设计稿和产品的现阶段目标不匹配，需要调用的开发资源比较高，优先级被降低也情有可原。

如下图所示，如果我们接收的需求是 button 点击率下降，那么我们要解决的问题是，使 button 曝光率加大。在这个需求中，如果我们加上了视觉风格改版，和需求方的目标不一致，那么被接受的可能就很低。

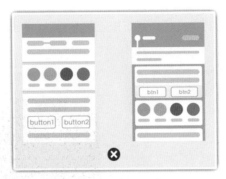

△ 阶段目标不一致

建立在阶段目标一致基础上的设计提案，接受度相对就要高很多，有时候甚至根本不需要你花费口舌解释一大通缘由，产品经理就直接表示了认同。

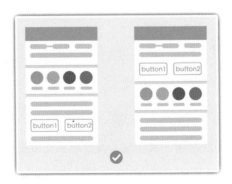

△ 阶段目标一致

怎样保持阶段目标一致呢？首先，我们需要主动关注业务动态，在每个季度开始前从业务方处了解清楚接下来几个月要做的主要事情，和事情背后指向的阶段目标，再基于这些阶段目标去寻找设计机会点，而不是盲目进行优化。其次，产品当初制订的阶段目标并不一定完全合理，如果我们通过用研报告和接触用户等，发现真实用户痛点诉求和阶段目标存在较大出入的话，大可把这些信息进行同步，协商调整目标。最后，要以良好的心态去看待和接受目标中途设计稿的调整，只要它符合产品定位，有利于业务长期发展，就可以接受。但要注意有限时间内目标优先级的分配，不要同时向多个大目标出击结果却顾此失彼。

2. 展现完整推导过程

和设计稿本身相比，前期的各种调研、分析、发散、推导过程同等甚至更加重要，而把这个思考过程完整、有逻辑性地展现给需求方，和直接展示"飞机稿"相比，可以更有效地获取他们的认可。

以我最近在做的项目为例，过程中的产出物包括但不限于：焦点小组和问卷调研报告，这些主要是由用研人员提供；关键词提炼，情感映射；设计策略（整体信息设计原则、设计方向制定、技术辅助实现手段等）。

这些产出物可以更好地体现我们的思考过程和专业性，但在组织呈现给产品经理时需要注意逻辑串联和可读性，推导过程论据充分、环环相扣，描述不过多地使用专业术语，而是大家都能理解的用户语言，可以用一些生活中的例子来代替一些专业术语。

3. 注意技术实现和多尺寸适配

现在市场上的设备非常多，如电脑（PC 端）、手机（Mobile 端）、

Pad。Material Design 是最重视跨平台体验的一套设计语言。由于规范严格细致，保证了它在各个平台使用体验高度一致。

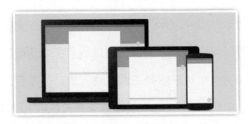

△ 多尺寸匹配

　　由于分辨率不同，设计中需要在不同的终端进行多尺寸的设计。了解技术平台以及技术可行性是非常重要的，过于天马行空的概念最终难免沦为一纸空文。但需要指出的是，这并不意味着提案的技术实现手段越简单越好，有时一些更有技术挑战性的事情反而更能赢得开发人员的认可与支持。不要把开发人员当成实现你想法的工具，他们同样也会有很多有价值的想法和建议，能帮助我们把设计做得更好。

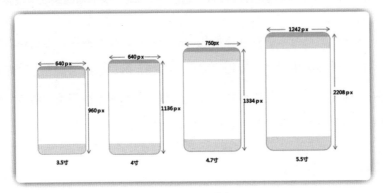

△ 多尺寸分辨率

03 第3章
CHAPTER

细节深入

在确定好设计方向之后，接下来要做的就是深入设计，或者说细节设计。细节设计决定了界面的精致程度，一个界面要体现的氛围基本都是通过细节实现的。所以说，细节设计是设计方向的一种具体表现。细节设计一般包括两个方面，一是添加设计元素，二是进行颜色搭配。

3.1 细节设计的两个关键点

设计元素相当于设计中的基础符号，在界面设计中，它是一些小的装饰性模块，包括概念元素、视觉元素、关系元素、实用元素。

3.1.1 设计元素

1. 设计的 4 个元素

（1）概念元素。所谓概念元素，是那些不实际存在的、不可见的，但人们的意识又能感觉到的东西。例如我们看到尖角的图形，感到上面有点，物体的轮廓上有边缘线。概念元素包括点、线、面。

（2）视觉元素。概念元素不在实际的设计中加以体现是没有意义的。概念元素通常是通过视觉元素体现的，视觉元素包括图形的大小、形状、色彩等。

（3）关系元素。视觉元素在画面上如何组织、排列，是靠关系元素来决定的，其包括方向、位置、空间、重心等。

（4）实用元素。实用元素指设计所表达的含义、内容，设计的目的及功能。

比如为了表现中国传统的节日——春节的气氛，在界面中添加的鞭炮、红灯笼等就是设计元素；再如为了烘托圣诞节的氛围，在界面中添加的圣诞袜、糖果、麋鹿等也是设计元素。

△ 运用设计元素体现节日气氛

2. 元素的运用

形象是物体的外部特征，是可见的。形象包括视觉元素的各部分，所有的概念元素，如点、线、面，应用于画面中时，也具有各自的形象。

设计中的基本形：在视觉设计中，一组相同或相似的形象组成一个单位，其每一组成单位称为基本形，基本形是一个最小的单位，利用它根据一定的构成原则排列、组合，便可得到最好的构成效果。

（1）组形。在构成中，由于基本组合，产生了形与形之间的组合关系，这种关系主要有：

- 分离：形与形之间不接触，有一定距离。
- 接触：形与形之间边缘正好相切。
- 复叠：形与形之间是复叠关系，由此产生上下、前后、左右的空间关系。
- 透叠：形与形之间透明性的相互交叠，但不产生上下、前后的空间关系。
- 结合：形与形之间相互结合成为较大的新形状。
- 减却：形与形之间相互覆盖，覆盖的地方被剪掉。
- 差叠：形与形之间相互交叠，交叠的地方产生新的形。
- 重合：形与形之间相互重合，变为一体。

（2）重复。重复也是元素设计中常用的一种设计方法。重复一般是指在同一设计中，相同的形象出现过两次以上，以加强给人的印象，形成有规律的节奏感，使画面统一。所谓相同，在重复的构成中主要是指形状、颜色、大小等方面的相同。

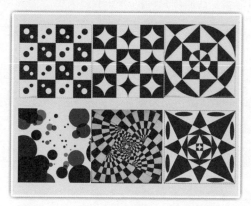

△ 组形

重复中的基本形：用来重复的形状称为基本形，每一基本形为一个单位，然后以重复的手法进行设计，基本形不宜复杂，以简单为主。

重复的类型：

■ 基本形的重复：在构成设计中使用同一个基本形构成的图面叫基本形的重复，这种重复在日常生活中到处可见，例如高楼上的一个个窗子。

■ 骨格的重复：如果骨格每一单位的形状和面积均完全相等，这就是一个重复的骨格，重复的骨格是规律的骨格的一种，是最简单的一种。

■ 形状的重复：形状是最常用的重复元素，在整个构成中重复的形状可在大小、色彩等方面有所变动。

- 大小重复：相似或相同的形状在大小上进行重复。

- 色彩重复：在色彩相同的条件下，形状、大小可有所变动。

- 肌理的重复：在肌理相同的条件下，大小、色彩可有所变动。

- 方向的重复：形状在构成中有着明显一致的方向性。

（3）发射。发射是一种常见的自然现象，太阳四射的光芒就是发射的。发射具有方向的规律性，发射中心为最重要的视觉焦点，所有的形象均向中心集中，或由中心散开，有时可造成光学动感，产生爆炸的感觉，有强烈的视觉效果。

发射的分类：

- 中心点的发射：由此中心向外或由外向内集中发射。

△ 中心点的发射

- 螺旋式的发射：螺旋的基本形式是按已旋绕的排列方式进行的，
  旋绕的基本形逐渐扩大形成螺旋式的发射。

△ 螺旋式的发射

■ 同心式发射：同心式发射是以一个焦点为中心，层层环绕发射，
如箭靶的图形。

△ 同心式发射

3.1.2　颜色搭配

不同的颜色搭配会给人不同的感觉。比如红绿搭配，会让人联想到
圣诞节日；红黄搭配，会让人联想到麦当劳。

△ 美食色彩的运用

　　细节的设计能使设计中的精髓传达给用户，让用户在设计的海洋中看到更精彩的界面世界。

3.2　颜色

　　对于互联网产品来说，转化率是产品做得是否成功的衡量标准之一。在这个消费者只有 3 秒注意力的时代，我们应该最大化地利用色彩、图片和文字信息来提高转化率。颜色作为情感表现的重要艺术语言之一，在视觉传达中起着至关重要的作用，颜色能在短时间内传递信息和情感。合适的颜色能对用户产生情感影响，帮助我们将用户带到下一步行动中。

多媒体发展和读图时代的到来使得用户对于视觉设计的质量要求提高。我们更应该努力地寻求色彩情感的力量，在各个方面寻求可以借鉴的营养，从内到外地提高我们的设计质量。

我们先来看一下以下这些图片的颜色给大家的感觉。

（1）哪条路一个人更敢走？

△ 色彩情感的影响力（一）

（2）哪份食物更易引起食欲？

△ 色彩情感的影响力（二）

（3）哪个孩子你更想帮助他？

所以色彩表达的感情非常直观，让人第一眼就能感受到设计师要传达给用户的感情，及其想要表达的设计方向。色彩让用户的大脑发生化学变化，引导人们进行下一步行为。

△ 色彩情感的影响力（三）

3.2.1　色彩的情感

色彩就像是音符一样，没有某一种颜色是所谓的"好"或"坏"，唯有一个个的音符组合起来才能谱出美妙的乐章，才能说协调或者不协调。

色彩分为两极：暖极和冷极。这两极之间又分为暖色、中性暖色、中性色、中性冷色、冷色。其中红色为暖极，蓝色为冷极；紫色和绿色为中性色；玫红色与中绿色为中性冷色。

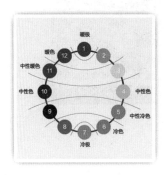

△ 色彩的情感

在我们的生活中无论何时何地，都充满着各种多彩多姿的色彩，哪里有光，哪里就有颜色。有时我们会认为颜色是独立的：天空是蓝色的，植物是绿色的，而花朵是红色的。但事实上，色彩并不会单独存在，漂亮的色彩搭配常常可以让画面更加吸引人的目光。色彩的搭配可以组成不同的颜色情感。

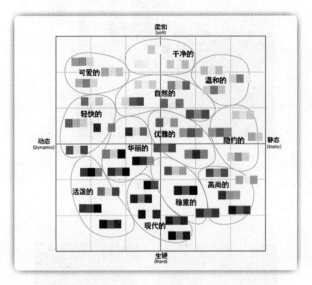

△ 颜色搭配情感坐标

1. 黄色

△ 黄色

黄色赋予人正面的能量，传递快乐、欢笑、希望和阳光般的情绪。不过需要注意，要避免过度使用，因为黄色会引起眼部不适。

△ 黄色系

2. 红色

△ 红色

红色能够很好地吸引人的注意力，行为召唤就经常使用红色。不过使用红色也需要注意，过多使用会产生压迫感，能够给人带来热情、爱恋、愤怒和危险的感觉，也能够让人觉得饥饿。因此许多连锁快餐店，如肯德基和麦当劳在产品宣传上都大量运用红色。

　　看下面的示例，配色——活泼、鲜亮、充满热情，这家专门为客户提供强大的电子邮件营销服务的公司，用鲜亮的颜色代表它是充满热情的。

△　红色系

3. 绿色

△　绿色

　　绿色能够给人带来重生、干净、健康、富裕的感觉。金融机构常用绿色来表达增长、财务健康以及潜力。我们可以利用绿色来打造富裕、放松、清新和全新的氛围。众所周知，绿色对于人眼来说是最放松的颜色，因此用户也能更好地注意到页面的其他信息。

看下面的示例，配色——明亮、活跃、充满童趣，这样的配色不难看出这是一个与儿童教育相关的产品，推出的都是寓教于乐的产品和服务。

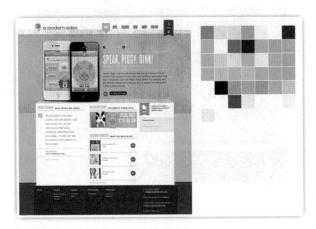

△ 绿色系

4. 橙色

△ 橙色

比起红色来，橙色看起来更柔和。橙色能很好地吸引人的注意力，因此也是行为召唤时最常用的颜色，可以运用于第一级别的操作行为。比如预订按钮。

△ 橙色系

5. 蓝色

△ 蓝色

　　蓝色能带来冷静的感觉,让人感到舒缓、冷静与平和。深蓝色常用于企业设计,象征着稳定和专业。浅蓝色则给人更放松和友好的感觉,如 Twitter 和 Facebook。

　　看下面的示例,配色——专业、沉静、可以信赖,他们为用户的当前位置提供降雨预报服务,忧郁的蓝色预示着雨雪的降临。淡蓝色是充满梦幻的色彩，始终保持清澈、浪漫的感觉。以灰蓝为主调的大胆色彩运用，会让人耳目一新，清爽心情油然而生。此外，淡蓝朴素清澈；深蓝前卫摩登。

△ 蓝色系

6. 紫色

△ 紫色

紫色属于冷暖中间色调，在色相对比关系中，紫色与黄色为互补关系。紫色、橙色、绿色为三间色，它们代表创造力、忠诚、怀旧和财富。与蓝色一样，紫色能给人带来冷静和舒缓的感觉。不同色调的紫色也能带来冲动的感觉。紫色能够给设计增添奢华与高贵的质感，通常多见于奢侈品网站，美容以及抗衰老的产品网站。

　　如果需要调和明快鲜亮的颜色，紫色搭配黄色系，因为是互补色；如果想要温馨的感觉，可以用粉色系，比较柔和；如果想要神秘感，就用深蓝色系，因为紫色本身就很神秘，配上稳重的蓝色，就更有神秘感，或者可以用白色来配。

△ 紫色系

7. 白色

△ 白色

　　白色是百搭颜色，明亮干净、畅快、朴素。它没有强烈的个性，不能引起味觉的联想，但引起食欲的色中不能没有白色，因为它表示清洁可口，只是单一的白色不会引起食欲而已。在设计中，白色象征着高级、科技的意象，通常需和其他色彩搭配使用。白与黑这一对比色的搭配，会制造出一种单纯的沉稳效果，没有什么可以搅乱心神的地方。白色与任何颜色搭配，都会产生意外的感觉。白色有很强烈的感召力，它能够表现出如白雪般的纯洁与柔和。

合适的留白也是呈现白色的一种方式。

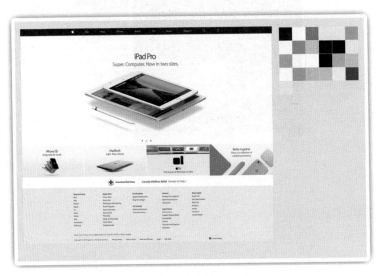

△ 白色系

8. 黑色

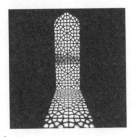

△ 黑色

黑色让人感觉很神秘。黑色是一个很强大的色彩，它代表庄重和高雅，而且可以让其他颜色（亮色）凸显出来。在只使用黑色的时候会有沉重的感觉。巧妙地使用黑色，会让内容看起来非常引人注目。黑、红、白、金是经典配色。

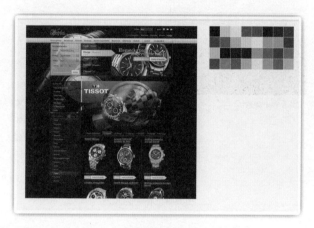

△ 黑色系

3.2.2 在 UI 设计中运用 RGB 颜色模式

三原色光模式（RGB color model），又称 RGB 颜色模型或红绿蓝颜色模型，是一种加色模型，将红（red）、绿（green）、蓝（blue）三原色的色光以不同的比例相加，以产生多种多样的色光。人的眼睛是根据所看见的光的波长来识别颜色的。可见光谱中的大部分颜色可以由 3 种基本色光按不同的比例混合而成，这 3 种基本色光的颜色就是红、绿、蓝三原色光。

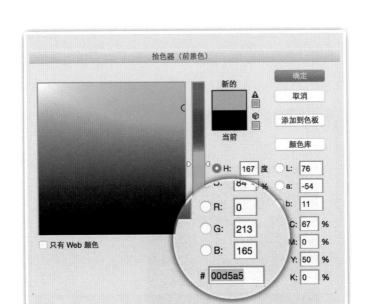

△ Photoshop 中的 RGB

这3种光以相同的比例混合且达到一定的强度，就呈现白色（白光）；若3种光的强度均为零，就是黑色（黑暗）。

三原色分为：加法三原色和减法三原色。

颜料、染料的混合，叫作减法三原色，就是品红、黄、青。品红接近玫瑰红，青就是天蓝色。这3个颜色是一次色，是无法用其他颜色合成的。

除了颜料和染料的减法三原色之外，还有光线混合的加法三原色，就是太阳光、电视机的电子束的合成原理。

在互联网设计中，我们是运用 RGB 颜色模式进行设计的。RGB
表示红色（R）、绿色（G）、蓝色（B）。在计算机显示器、电视屏幕、手
机屏幕等上看到的就是 RGB。

我们选择 RGB 模式，如果混合绿色和红色，调和成的是黄色。选
择最饱和的蓝色与红色可以调和出饱和度高的粉色。如果将所有颜色混
在一起会调和出白色，去掉所有颜色，得到黑色。因为这个媒介是从显
示器里传出的。

RGB 的色彩原则与物质反射色彩有着本质的区别，即它和 CMYK
模式有区别。CMYK 模式更像我们的油画棒和水彩调色盘，将所有颜
色混在一起颜色会越来越暗。

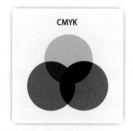

△ RGB 与 CMYK 的区别

1. RGB 色彩模式

RGB 模式的独特之处是它的色彩丰富饱满，但不能进行普通的分
色印刷。RGB 是按颜色发光的原理来设定的，通俗点说，它的颜色混
合方式就像是红、绿、蓝三盏灯（上图示例）。当它们的光相互叠合的
时候，色彩相混，三色混合产生的亮度等于两者亮度的总和，越混合亮

度越高，即加法混合。

RGB 中的红、绿、蓝 3 个颜色通道每种色各分为 256 阶亮度，在 0 时"灯"最弱，在 256 时"灯"最亮。当三色数值相同时为灰色，三色数值都为 256 时为最亮的白色，三色数值都为 0 时为黑色。

2. CMYK 色彩模式

CMYK 简单说就是专门用来印刷的颜色。它是另一种专门针对印刷业设定的颜色标准，是通过对青（C）、洋红（M）、黄（Y）、黑（K）4 个颜色变化以及它们相互之间的叠加来得到各种颜色的。CMYK 即代表青、洋红、黄、黑 4 种印刷专用的油墨颜色，也是 Photoshop 软件中 4 个通道的颜色。CMYK 是按对光线的反射原理来设定的，所以它的混合方式刚好与 RGB 相反，是"减法混合"。

CMYK 色彩不如 RGB 色丰富饱满，在 Photoshop 中运行速度会比用 RGB 色慢，而且部分功能无法使用。由于颜色种数没有 RGB 色多，当图像由 RGB 色转为 CMYK 色后颜色会有部分损失（从 CMYK 转到 RGB 则没有损失），但它也是唯一一种能用来进行四色分色印刷的颜色标准。

在软件中，青、洋红、黄、黑 4 个通道颜色各按百分率计算，100% 时为最深，0% 时最浅，而黑色和颜色混合几乎没有太大关系，它的存在大多是为了方便地调节颜色的明暗亮度（而且在印刷中，单黑的使用机会是很多的）。

与加法混合一样，三色数值相同时为无色彩的灰度色。

了解 RGB 色彩模式的调整规律，可以在 Photoshop 中理性地选择颜色。

小贴士：

加法混合的特点：RGB 颜色叠加，越加越亮。

减法混合的特点：CMYK 颜色叠加，越加越暗。

3.2.3　理性和感性的两种取色方法

互联网产品的设计是理性和感性设计的碰撞与融合。在颜色的搭配和选择上，也是如此。有经验的设计师在使用取色器的时候，是可以以自我感觉为主地选择颜色的，因为这是在不断调试中取得的经验和调试结果。不过有时候我们在设计中不断尝试不同的颜色进行搭配，会导致自己对颜色的把控迷失方向。而使用理性的选色方式，可以帮助大家做取色决定。新手设计师就是在 RGB 调色中不断调试成长的，如果对自己的色彩搭配能力没把握，建议先做临摹练习，再自我发挥。

理性取色和感性取色有什么区别呢？

理性取色是利用软件，将设计中的颜色，根据色彩明度、饱和度、色相调整数值进行搭配。感性取色并不根据这些色彩规则，而是以设计师个人认为美观、好看的颜色进行搭配。理性取色比较严谨，但用色不够灵动。感性取色的配色冲击力比较强，当然感性取色考验的是视觉设计师的配色功力。

下面我就来说一下理性取色方法。

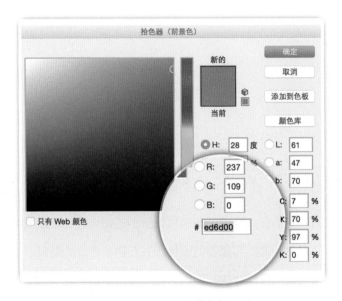

△ Photoshop 中的色相

我们可以取单色进行设计，单色最大的好处是色系非常统一，能给人留下印象。假设我们确定好一个色相 #ed6d00，运用取单色进行色彩搭配，我们需要了解颜色有明色和暗色之分。

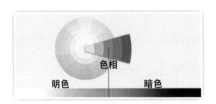

△ 色相的明色和暗色

在基础色相上加上白色得到明色，加上黑色得到暗色。然后在这个基础上，搭配这个色相的各个阶段的明色或者暗色。

另一种取单色配色是在 Photoshop 软件中通过调整 RGB 或 SHB，变化颜色。这样的变化，使颜色相似度接近，是和谐的颜色搭配。在这里我选择调整 SHB 中的 H，将黄色的冷暖程度进行调节。

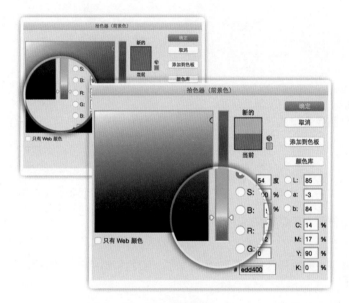

△ 色相的变化

这样的色相变化，让色彩层次丰富起来，那么这样的色相变化从何而来呢？

色相中的红、黄、蓝是三原色，相当于色相环上的"父母"，它们是唯一的颜色，不是通过其他颜色混合得到的，并且它们在色环上是平均分布的。

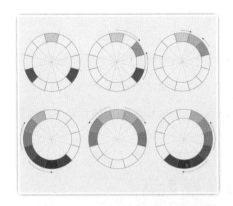

△ 色彩色相变化原理

原色混合产生了二次色，二次色所处的位置是位于两种三原色一半的位置，每一种二次色都是由它最近的两种原色等量调和而成的。

二次色再次混合产生了三次色，三次色位于两种二次色的中间位置，每种三次色都是由两种二次色调和成的。

例如，黄色和红色的二次色是橙色，橙色和黄色的三次色是中黄色。

了解这个原理之后，就可以在取色器里理性取色。越是互相接近的颜色，和谐度越高，越是对立的颜色冲击感越强。

感性的取色方法：

选择一张与设计方向一致的精美图片或者照片，它所占比重最大的颜色，与设计方向的取色是一致的，那么可以将其中的颜色提取出来，作为颜色搭配，色彩比例不要和图片或者照片的配色比例差异太大。

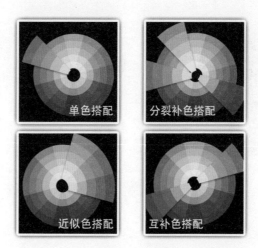

△ 色彩搭配

△ 感性方式取色

　　或者通过 Photoshop 软件，将选择的图片通过马赛克滤镜，将颜色提取出来，吸取颜色进行搭配。

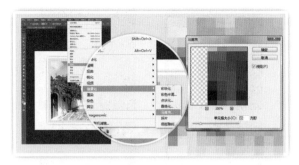

△ 马赛克滤镜

△ 马赛克滤镜数值越小，色块越多

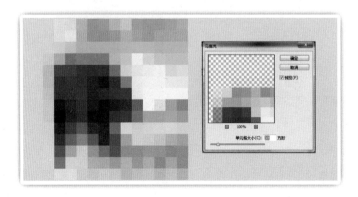

△ 马赛克滤镜数值越大，色块越少

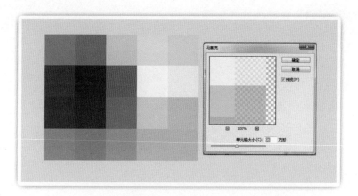

△ 马赛克滤镜数值越大，分离出来的色块越少

取马赛克滤镜分离出的色值，也是理性取色的一种方法。

在搭配颜色的时候，占比非常重要，将想要传达给用户情感色彩的颜色给予重要占比。

3.3 图标

图标的英文是 icon，在桌面图标上代表的是软件标识，在界面中的图标一般是功能标识。图标是设计中经常使用的元素之一，图标精致、细致，会使整个设计感观提升，让设计的档次得到提高。

3.3.1 图标类型

图标分为：表意功能性 icon 和标志性 icon。

表意功能性 icon 多应用于标签、标题、按钮、导航、信息提示等各处。它们以表意为主，注重神韵，特征的矢量图形大多是简洁、色彩简单的。例如：界面中的功能图标。

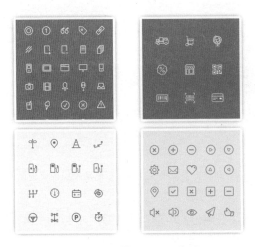

△ 表意功能性 icon——线型

Gmarket 网站在频道导航上使用表意功能性 icon，能让用户更快识别导航中的内容，读图比读字更快速。而这里的 icon 不需要层级那么高，所以使用线型 icon 正好满足统领内容，而层级稍弱的需求。

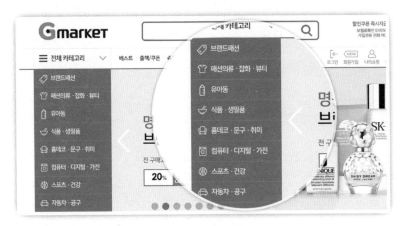

△ Gmarket 网站

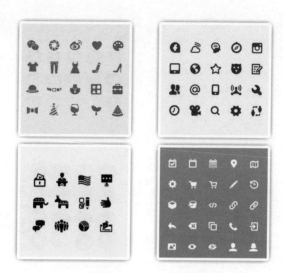

△ 表意功能性 icon——实色

　　iPhone 手机中的设置界面和支付宝界面，使用的是实色表意功能性 icon，这里的设计需要用户能一眼看到每个功能的不同，层级比较高。所以体量感强的实色 icon 在这里再适合不过了。

△ 实色 icon 在界面中的运用

△ 表意功能性 icon——彩色

　　彩色 icon 的运用适合一些简洁的界面，富有统领和引导作用，让界面看起来更活泼、有活力。实色的设计样式，加上颜色，使这类 icon 的层级更高。

△ Yahoo 的界面

　　如果这些 icon 没有多彩的颜色或者没有这些 icon，那么这个界面会显得呆板又无趣。

△ 单一色彩的 icon

△ 没有 icon 的界面

　　标志性 icon 多应用于电脑桌面、手机桌面、移动应用的标志、广告 banner 主体、或 VI 等的大尺寸 icon。它们可以是写实风格，也可以是富有特征的图形。既可以是注重细节、富有立体透视的图形，也可以是富有神韵、有特征的矢量图形。例如 App 的图标。

△ 标志性 icon

iPhone、小米和锤子手机的系统界面，使用的是标志性 icon。这些 icon 代表的都是一个软件，它们是每个软件的入口。

△ 手机界面中的 icon

3.3.2 图标像素

图标的像素越多越精致，但在有限的像素尺寸内，次像素的限制让 icon 轮廓更明显。所以要保证 icon 的高质量，应尽量避免使用次像素。如果为了表现圆滑效果，可适当使用，尽量避免出现三层次像素。制作图标时建议使用矢量软件来制作矢量文件，极小的可以用像素画的方式点画。尺寸小的 icon，尽量避免不必要的透视、投影等，否则会使 icon 模糊不清，无法达到明确传达的目的。

△ icon 的边缘像素

icon 的棱角需要被看清楚时，可以使用像素画法，将 icon 用 Photoshop 中的铅笔工具点画出来。

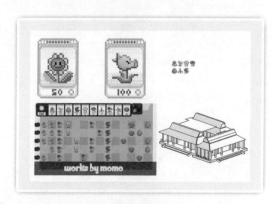

△ 我画的像素画

3.3.3　图标统一体量感

同一系列 icon 的视觉力度及体量感应尽量保持一致。

许多设计师发现自己设计的 icon 物理尺寸是一样的，但视觉感官却大小不一。这是因为设计图标的时候有两个尺寸，一个是限制图标在一定范围内的宽高尺寸（物理尺寸，如 32×32 像素）；另一个就是图标本身在这个宽高内所占有的比例尺寸（色彩：留白），这里的体量感指的就是这个比例尺寸。在同样宽高的尺寸下，在这个面积里占有的比重大的 icon 会比比重小的 icon 在感觉上更大一些。为了让一个系列的 icon 感观一致，体量感也是需要考虑进去的。

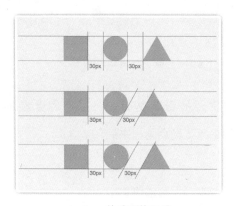

△ icon 的感观体量感

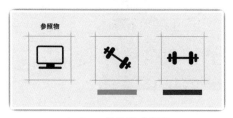

△ icon 的体量感表现

3.3.4 图标的隐喻选择

icon 的设计，是为了让用户一眼就能看出这个图形代表的是什么含义。所以 icon 设计中应避免错误、过时或过于原创的隐喻，选择表意准确、富有趣味的隐喻。例如：现实生活中，曾经以 CD 光盘为音乐播放的载体，因此 iTunes 以光盘隐喻音乐播放器。如今 CD 光盘已非主流音乐播放载体，所以 iTunes 以数字化音乐作为 icon 隐喻。

△ icon 的准确隐喻

在进行图标隐喻设计的时候，要注意避免完全隐喻，即避免图标的外形、功能、使用环境等因素与喻体完全一致。在设计完一个使用隐喻修辞的图标时，还需要检验这样的隐喻是否符合真实世界的逻辑。优秀的隐喻设计能使用户对手机界面图标的认知行为变得更加迅速和直观。在图标设计中合理地利用隐喻修辞将会减轻用户的辨识难度，让用户在轻松愉悦的状态下完成交互过程。

图标隐喻设计有两种类型：

（1）借物隐喻。借物隐喻是指某个图标要表达的概念是拟物化隐喻，让用户找到"现实依据"。例如，设计师直接用生活中常见的照相

机形象来设计照相机图标，使用户很直观地辨认出相机这一形象，快速
理解该图标的含义。

△ icon 的借物隐喻

（2）功能隐喻。功能隐喻是指从图标的功能出发，借鉴现实事物的
特征，使用户对该图标的功能或者操作一目了然。例如，开关图标的设
计借鉴了现实中推拉开关的方式，这种功能隐喻设计，很直观地表达出
了图标的含义——开关，和操作方式——推拉。

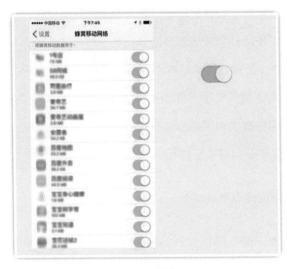

△ 开关隐喻

3.3.5 图标色彩与视觉反馈

在设计表意 icon 的时候，应尽量减少视觉噪声，专注造型和表意。当然为了突出一些效果，可以使用色阶差别凸显质感的表现。icon 操作时，需要有明显的视觉反馈，这样用户就知道这里被他操作了。

△ 减少噪声 vs 质感体现

△ icon 交互时有视觉反馈

3.3.6 图标的动效设计

现在越来越多的手机应用和 Web 网站都开始注重动效的设计，恰到好处的动效可以给用户带来愉悦的用户体验。在一些交互操作的过程中，点击 icon 会随着不同的事件发生不同的转换。

例如充电中，播放音乐的随机和单一排序，这样的 icon 变化都是带有动画效果的，将一个 icon 状态的相同形状性质，柔和地变化成另一个 icon 形态。

△ 生活中常见的动效

icon 的转换形态有下面几种：

1. icon 位置不变，属性转变

这是将 A 属性变化为 B 属性的一种 icon 切换方式，可以包含位置、大小、旋转、透明度、颜色等。在这些属性上面做动效，若运用恰当，将是画龙点睛的一笔。

翻转或旋转以及面和面进行转换的时候，可以用线作为介质，一个面先转换成一根线，再通过这根线转换成另一个面。

△ icon 位置不变，属性翻转

icon 本身的位置不变，但里面的 A 属性 icon 进行移动，变化成 B 属性 icon。

△ icon 位置不变，属性转变

在 icon 位置不变的情况下，用大小渐变的方式，将 A 属性 icon 缩小后，变化为 B 属性，反之亦然。

△ icon 位置不变，大小渐变

2. icon 路径进行重组

将 icon 的路径 (矢量的) 进行重组，形成一个新的 icon，这需要观察两个 icon 路径之间的关系，将共性之处进行切换。例如：暂停 icon 转换为播放 icon、支付宝支付完成的 icon 动画效果。

3. icon 包含关系的转换

在两个页面是包含关系，通过 icon 的操作而发生互相转换时，可以用其中一个图形作为另一个界面或图形的遮罩。当这个图形放大的时候，因为另一个界面或图形作为边界，便转换成了另一个界面或者图形的形状。

△ icon 路径重组

△ icon 包含关系

4. icon 进行拆分和组合

icon 的拆分与组合是将一个图标作为一个整体，如更多 icon，而将多个 icon 从这个 icon 中分离出来，反之就是将多个 icon 组合成一个 icon 整体。

如何做出令人愉悦的 icon 动画效果，可以考虑多个方面：缓动、弹动、拖尾、时差、随机、层次感、运动修饰等。将一些真实生活中的物理原理放入设计，也是非常有意思的。

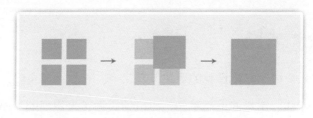

△　icon 的拆分与组合

3.3.7　在适当的情况下使用图标

当 icon 在环境中有存在意义的时候，可以适当使用。

我曾经遇到过这样一个案例，在 App 的设计中有一个隐喻非常难让用户理解的功能——"廊桥停靠"。它需要用户操作点击查看详情，工作人员提出将这个功能设计成 icon，思考再三后我没有将这个功能设计成 icon。因为这个功能用文字表述比用图形更容易让用户理解，而页面空间的限制也会让 icon 设计受到局限，使用 icon 表达使这个功能的操作行为变得复杂以及削弱了可发现性。

在功能型、效率型界面中，如果没有特殊的要求，我建议尽量不用。因为这些页面需要用户快速地去操作和进行下一步操作。当然现在的功能型和效率型界面也会与一些内容信息型界面结合，当出现这种情况的时候，icon 可以适当地使用，这可以起到装饰或辅助作用，用来提升群组的层级关系。

在页面空间有限制的情况下，icon 可以节省文字的空间，但是隐喻复杂的时候，文字表述要比 icon 更清晰！

3.4 文字

文字是传达信息最直观的表达方式之一，它是组成页面排版的基本模块。字体、字号的运用不同，可以给页面带来不同的气质和页面关系。

界面中的字体，很少会做在图上，大多数字体由前端工程师来实现，设计师一般会选择用户设备里自带的字体来进行设计。如果在页面中用了兰亭黑、正黑等大量第三方字体，用户的设备没有这些字体就会以默认字体来显示，最终效果会和视觉稿有很大出入。

文字的层级一般用字号去区分，如果既用字号、又用不同字体去区分信息，会显得凌乱、缺乏美感，因此字体的数量应做减法，能用两种就不要用 3 种，能用一种就不要用两种。

了解字体设计的基础术语非常重要，这些术语在介绍字体设计的相关文章中经常出现。比如 x-height（X 字高）指的是从字母的基准线开始往上到最矮字母的顶端的距离，当 X 字高的比例相对大一些时就能增加易读性。

在大多数情况下我们都选择使用系统自带的字体，如微软雅黑、宋体、黑体等来定义标题和内容。但有时，我们在做 LOGO、banner 设计时也需要通过对字体进行改造，来达到更加理想的效果。这时我们就需要掌握字体的一些最基本的设计原则。

△ 字体的基础术语

3.4.1 字体和字号

文字的字体和字号的组合，可以使页面产生不同的效果，增加排版的节奏感，但运用过多会使页面杂乱无章。字体和字号的选择应避免过多，否则会让用户不知道哪是设计中想表达的重点。强调最好是一个字、一组词，非必要就可以避免使用。过多的强调法使用，其实等于没有强调。而在需要突出层级的时候，可以将字体或者字号进行变换。除了要特别讨论的将文字改变色值之外，最常用的表现手法不外乎"加粗""变斜"或是"变大""变小"。加粗、变斜是通过墨色浓度或形状变化与正文进行对比，这是发源于西方数百年的排版规则。"变大""变小"也是一种对比方法。

哪个读起来更一目了然？

加粗和倾斜的文字，比起一般的正体文字来说，更引人注目。

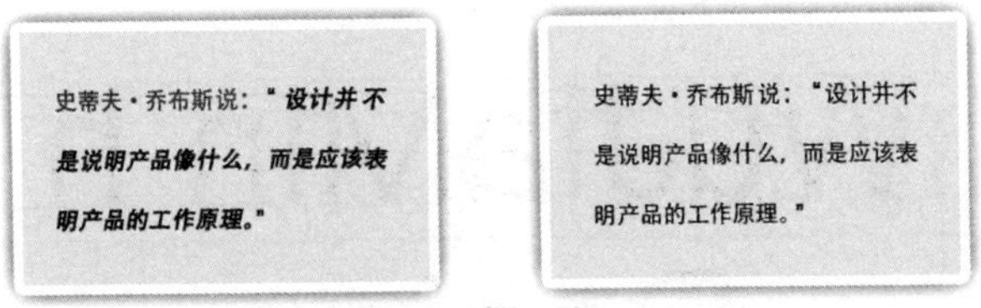

△ 文字倾斜

放大和不同的排列方式，让文字层级更高。在设置更大的字体来获得更好的易读性的同时，我们也应相应地减小字体的字重（粗细），考虑Light、Thin 或者 Ultra Thin。过重的字体会太过醒目，从而影响其他内容的显示效果。

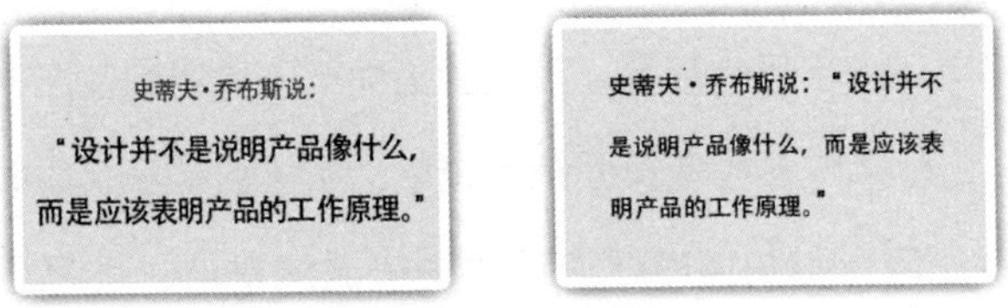

△ 文字放大

3.4.2 色值

在文字中加入色值，可以使信息层级更高，并附有宣传和突出作用。在文字进行过"加粗""变斜"或是"变大""变小"操作后，仍然要进行更高层级的突出，那么就需要在文字或者文字底色上，添加颜色，让它的层级更高、样式更明显。一般运用这种方法的时候，是设计中的层级非常复杂的时候，而更多时候只要挑选一些能拉开层级的设计方法就能体现出差异。

下图中哪个层级更明显？

史蒂夫·乔布斯说：

"设计并不是说明产品像什么，

而是应该表明产品的工作原理。"

史蒂夫·乔布斯说：

"设计并不是说明产品像什么，

而是应该表明产品的工作原理。"

△　文字加上色值

3.4.3　衬线体与非衬线体

在字体排印学里，衬线指的是字母结构笔画之外的装饰性笔画。有衬线的字体叫衬线体；没有衬线的字体则叫作非衬线体。中文字体中的宋体就是一种最标准的衬线字体，衬线的特征非常明显。字形结构也和手写的楷书一致。因此宋体一直被作为最适合的正文字体之一。

衬线字的字体较易辨识，也因此具有较高的易读性。反之，非衬线字则较醒目。通常来说，需要强调、突出的小篇幅文字一般使用非衬线字，而在长篇正文中，为了阅读的便利，一般使用衬线字。在实际应用中，因为中文的宋体和西文的衬线体，中文的黑体和西文的非衬线体，在风格和应用场景上相似，所以通常搭配使用。

我是衬线体
Font

我不是衬线体
Font

△　衬线体与非衬线体

3.4.4 文字行距

文字的行距根据内容考虑，内容多的时候，行距的调整使阅读舒适性提高，拥挤的行距让阅读者产生疲惫感。

下图中哪个排版更舒适？

△ 文字行距影响舒适度

3.4.5 边距和缩进

有边距和缩进意识的设计师，可以让设计做得更简洁、大方。简洁、简单的排版，会让设计看上去很高端，这样才能称为"设计"。如果密密麻麻地排版，那叫"文档"。

1. 模块间距

模块间距和模块亲密度有关，亲密度越高的模块，距离越近；相反，亲密度越低的模块，距离越远。需要区分的是，不同属性的模块可以使用不同的间距表示。当这种模块间距被建立后，"亲密性"也被建立了起来。

下页图中哪个更能体现出内容"亲密"？

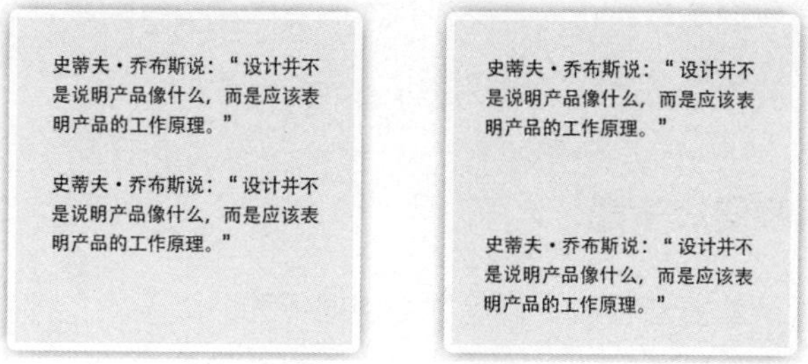

△ 文字间距表现的亲密度

2. 模块缩进

缩进可以表达模块之间的从属性关系，如主与主的关系，主与从的关系，从与从的关系。这是在模块中的层级区分，在需要的时候，这样的区分效果让信息更加清晰。当然，如果界面中的级别特别多，可以在设计中做"减法"，去掉一些不必要的分级手法。

下图中哪个更能区分从属关系？

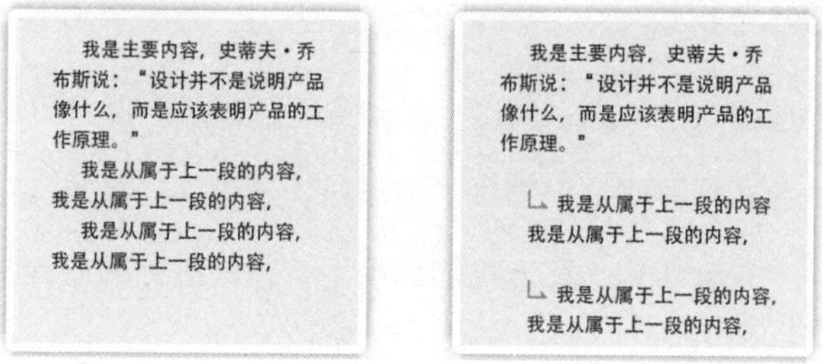

△ 模块的从属关系

3.4.6 行为召唤

在设计中我们需要一些行为召唤使用户进行下一步的操作，这个下一步的操作可以是购买行为、支付行为、查看详情行为等。让用户明确操作行为，能更有利于引导用户进行下一步行动。

1. 行为召唤层级表现

　　根据设计的复杂程度，以及界面中的行为分级不同，行为召唤级别也会有区分。例如按钮、文字链接、Tab 切换等。层级越高，运用的表现形式越夸张和明显，所以按钮的级别就大于文字化入口，文字化入口大于文字链接。

△ 行为召唤的样式

2. 按钮层级与状态

　　不同的按钮大小、色彩明度，给予不同的层级，区分不同的行为召唤的级别。色彩最鲜明、尺寸最大的按钮，是级别最高的，它能让用户一眼就发现，并操作它。在这样的层级下，逐渐递减的设计方式使按钮的层级也递减。

　　区分一级动作和二级动作。用按钮定义一级动作，用链接定义二级动作，或者相对于二级动作按钮来说，赋予一级动作按钮更为明显的风格。

对于按钮，需要拓展设计：点击效果、不可点击效果、已点击效果等。这些不同的状态的显示能给用户带来明确的行为指示。

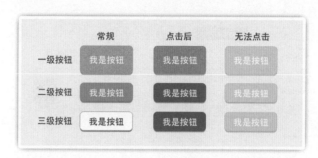

△ 按钮的行为指示

3.5 表单

在设计过程当中，随着设计经验的积累，表单的设计也越来越有讲究，以致形成一套设计准则或者规范。表单设计的重要性，有时候会影响一个产品的成败。

3.5.1 情感化的表单

用户为什么要填写表单，他能获得什么？如果在填写表单的同时，让用户看到把信息给你的好处，那么用户会比较乐意把信息填写进去。这个适用于注册时的表单填写。现在越来越多的注册页面，将情感化的设计放入进去，如网易邮箱、支付宝注册等。

3.5.2 清晰的视线流

拥有清晰的浏览视线流，合理的标签、提示文字及按钮的排布，可

以避免不必要的信息重复出现，这样能够降低用户的视觉负担，提高填

写效率。

△ 情感化表单

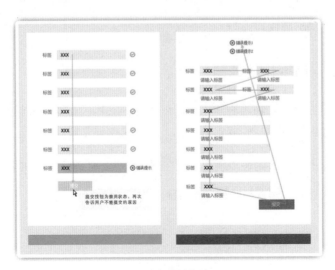

△ 清晰的视线流

3.5.3 合理的排布

如果在填写表单的时候，需要花大量时间，是非常容易让人失去耐心的，那么就要试着删去所有不必要的填写项。合理、有层次地组织信息，可以利用框线、空间间隔、颜色的不同，按照不同信息的类别、属性和相关性进行区块的划分，用步骤条指示当前的进程。

△ 框线区分

△ 空间间隔区分

△ 颜色区分

我经常会看到一些表单，将所有必选项都打上星号（*）并且标红，以便让用户非常明显地看到这个标签项，然后发现这个页面中，所有的标签前都打上了这个符号，说明每一项都是必选或必填项，而选填项很少。这样的设计是令人感觉繁重而累赘的。事实上可以把那些必选项前的星号去掉，而在选填项后标上选填提示。设计时，在必选项少的情况下，必选项可以突出。在选填项少的情况下，选填项可以稍作提示，必选项就不用突出了。

△ 必填项的表现方式

当页面有空间限制的时候，可以将标签放置在输入框上方，或直接放入输入框内。当用户输入信息的时候，直接替换标签中的内容。

△ 空间不足的表现方式

当页面有足够的空间时，可以将标签、输入项的提示合理地进行设计。

△ 足够空间的表现方式

3.5.4　更多地为用户考虑

除了让用户机械地通过键盘在表单上输入数据外，可以考虑用更方便、更优的方式让用户选择。例如现在通过二维码扫描而进行的支付行为，可以让用户节省时间。

△ 新颖的交互方式

在填写身份信息的时候，由于数字较多，可以将输入项进行放大，方便用户及时核对。

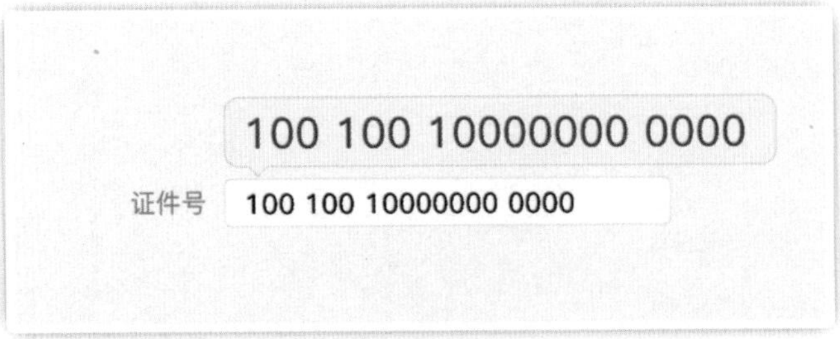

△ 输入项自动放大

当用户输入手机号码时，如果能够将号码间隔开，在输入时就能及时核对。

△ 填写时有间隔

当用户输入银行账号时，将银行账号进行放大并自动空格间断，也是有效、快速核对的一种方式。

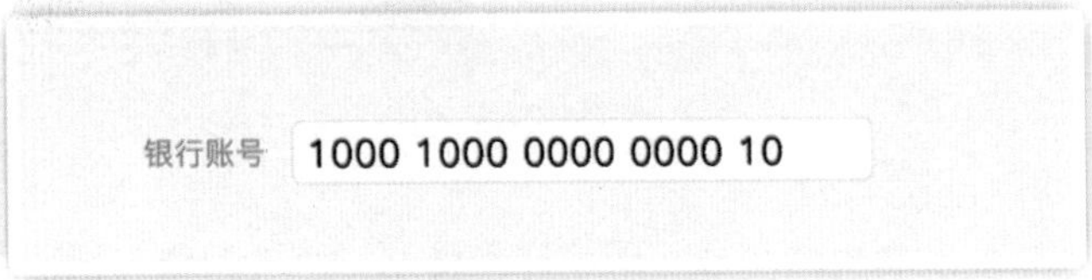

△ 填写时放大并有间隔

3.5.5 有效地引导

在填写表单的时候，经常会出现填写出错、漏填信息等问题，而很多设计中，将专业术语带入了设计，这让用户非常难以理解。所以修改晦涩的专业术语（如数据库错误），使用更加亲切的语言，用用户能读懂的语言来引导用户填写、告诉用户错误的原因是非常重要的。当问题出现时，要清楚地说明问题出现的原因并提供有效的解决方案。

我之前做过一次分享，发现大部分的互联网设计，经常将通知、通告，警示、警告，错误进行混淆，级别没有区分清楚。很多时候，设计师觉得这个信息很重要，就用比较明显的颜色进行设计。这就像生活中的垃圾分类，将垃圾分类清楚了，可以减排，提高生活质量。而垃圾桶的设计，就有效地帮助大家区分哪一类垃圾该丢进哪个垃圾桶里。信息提示其实也是同理。

△ 生活中的垃圾分类

一般来说，错误为红色，警告为黄色，成功确认为绿色，通知为蓝色。

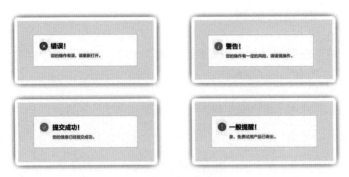

△ 提示信息的层级

04 第4章
CHAPTER

回归设计理念

4.1 提炼设计理念

　　对设计方向、方法、过程进行提炼，发现共鸣处也进行提炼，这样更能巩固和得出设计理念。

△ 提炼设计理念的闭环过程

　　例如在 Material Design 中，提炼的设计理念——最重要的信息载体就是魔法纸片。

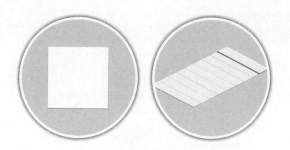

△ Material Design 的设计理念——魔法纸片

让这个可以层叠、合并、分离，拥有现实中的厚度、惯性和反馈的魔法纸片，拥有液体的一些特性，能够自由伸展变形。这个设计理念突出纸片的魔法特性，这些是真实纸片所不具备的能力。例如：纸片可以伸缩、改变形状；纸片变形时可以裁剪内容，当纸片缩小时，内容大小不变，而是隐藏超出部分；多张纸片可以拼接成一张；一张纸片可以分裂成多张；纸片可以在任何位置凭空出现。

限制魔法纸片的个别效果：一项操作不能同时触发两张纸片的反馈；层叠的纸片，海报高度不能相同；纸片不能互相穿透；纸片不能弯折；纸片不能产生透视，必须平行于屏幕。

这套理念引入了 Z 轴的概念，让 Z 轴垂直于屏幕，用来表现元素的层叠关系。Z 值（海拔高度）越高，元素离界面底层（水平面）越远，投影越重。这里有一个前提，就是所有元素的厚度都是 1dp。

所有元素都有默认的海拔高度，对它进行操作会抬升它的海拔高度，操作结束后，应该落回默认海拔高度。同一种元素，同样的操作，抬升的高度是一致的。

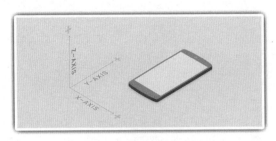

△ Material Design 的 **Z** 轴设计概念

所以，在设计前会有一些理论支持自己的设计，再从自己的设计中提炼出适合这套设计的理念。

4.1.1　点、线、面理念

△ 点、线、面

其实这个理论中有设计里最基本的"点""线""面"等知识点的存在。在真实生活中，所有的物体都是有体积的。点、线、面从来不会单独存在，它们是相互依存、相互烘托、相互对比的。

以下页图为例：1 与 2 比较，1 是点，2 是线；2 和 3 比较，2 是点，3 是线。

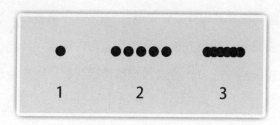

△ 点、线、面的对比

我们来分别看一下点、线、面的特性和用途：

点——自由、不受拘束、轻松、跳跃、飘逸等。可以营造画面的气氛，将信息进行有效排版，是属于细节的部分。

线——连贯、有规律、轻松、韵律、引导性等。能够引导画面的信息、风格和造型，是属于连贯的纽带。

面——稳定、安全、包容、重量感、全局等。对于打造画面的背景、分割信息起到一定的作用，是属于全局的部分，能够很好地做内容模块区分。

在视觉设计中，运用点、线、面的对比，可以将繁复的设计做得简洁。运用好点、线、面的特性，可以让界面舒适、简洁、不失格调。

4.1.2 直线与浪线理念

在设计中会遇到这样的情况，页面内容需要截断，而信息内容还没有完全展示，以及页面截断时正好信息内容显示完整。当这两种情况并存时，大家会用怎样的设计表现方式？

　　我曾经遇到这样的设计"选择题"，最后用了直线和浪线来定义显示完整与未完待续。如果我们将浪线定义为内容未完待续，那么直线就是显示完整。当这个设计理念贯穿整个设计时，用户会理解我们的用意。

△　浪线与直线

　　为什么浪线是未完待续，而不是直线？我们想象一下，当你拿着电影票的时候，是不是副票和主票之间有打孔连接？用设计的表现法一半即为浪线，当然这是撕下票联的效果，但也知道它有另一半，而直线是斩断的感受。所以浪线是未完待续，直线是显示完整。

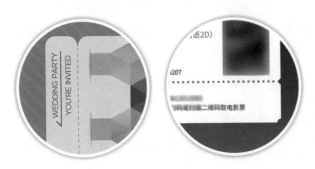

△　未完待续的浪线

4.1.3　抽屉理念与卡片设计

大家有没有见过这个？

△　收纳袋和五斗橱

当我们抽屉中物品少的时候，用收纳袋就可以收纳我们所有的东西，这个和设计中用线条隔开信息相似。

但是当我们的物品多起来，收纳盒不足以容纳我们的物品时，怎么办？我们需要柜子，那些带有一个个抽屉的柜子，每一层的归类不同，放置物品的归属权也不同。当拉开自己的抽屉时，我知道里面都是属于我的东西，这就类似于卡片设计。点开每张卡片，卡片中的内容是隶属于这张卡片的。

△　抽屉与卡片设计

4.1.4　负层级理念

我们通常在白色的底上进行设计，因为白色能无限扩展。但大家有没有想过，通过加一个层级 –1，把白色放到层级 0，而不是层级 1 上？

怎么理解负层级呢？

我用建筑上的概念来解释。我们在建造房子的时候，是需要打地基的，不会平地而起，而地基离地面最近的空间就是 B1 层。许多商场有 B1 层、B2 层，我们把页面的层级看作 F1、G、B1 这样的楼层概念。

我们将不再在白色的底色上进行设计，而是把白色作为模块，设计到页面当中去。

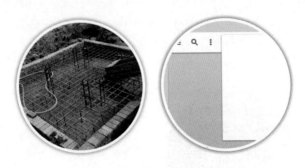

△　负层级理念

4.2　设计中的法则

4.2.1　7±2 法则

我们用一句话描述这个法则：

一般人的短时记忆容量约为 7 个加减 2 个，即 5～9 个，可以理解为 7 加减 2 个组块。为了更好地理解这个法则，我们先做一个小游戏。

请读一遍下面这行随机数字：

2894050693282

△　随机数字

然后移开眼睛回忆一下，看看你还记得几个。

现在再读一遍下面的随机字母：

然后再用上述方法来测试一下自己的记忆。

看看结论是不是这样的：假如你的短时记忆像一般人那样，你可能会回忆出 5～9 个单位，即 7±2 个，这个有趣的现象就是神奇的 7±2

效应。

△ 随机字母

在宽度有限制的手机端屏幕上，这个法则较为适用，设计界面的时候有效地在界面上将内容进行排布，如一些 App 的频道入口。大而宽的 PC 端已经不太适用这个法则了。

4.2.2　费茨法则

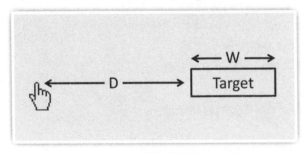

△ 费茨法则

这个定律指的是从一个起始位置移动到一个最终目标所需的时间由两个参数来决定，到目标的距离和目标的大小（上图中的 D 与 W），用数学公式表达为时间 $T = a + b \log 2 (D/W + 1)$。

它是 1954 年由保罗·费茨首先提出来的，用来预测从任意一点到目标中心位置所需时间的数学模型，在人机交互（HCI）和设计领域的影响最为广泛与深远。新的 Windows 8 中由开始菜单到开始屏幕的转变也可以看作该定律的应用。

屏幕的边和角很适合放置像菜单栏与按钮这样的元素，因为边角是巨大的目标，它们无限高或无限宽，你不可能用鼠标超过它们。不管你移动了多远，鼠标最终还是会停在屏幕的边缘，并定位到按钮或菜单的上面。所以在设计功能型 icon 和按钮时，这些可点击的对象需要合理的大小、尺寸。

4.3　参考线的价值

说起参考线，大家一定很熟悉，我们在做设计的时候经常需要用到这个工具来做对齐定位等工作，那么你真的对参考线了解得很透彻了吗？

好的参考线能让上下游的合作对象了解设计师对齐的规律和本意。很多设计师为了提升设计作品的品质，在设计展示图上标上各种圈，让简单的图形看起来非常高端。

1. 为何辅助线能提升作品档次

（1）使设计成品有数理依据，设计元素之间都不是各自独立存在的，一定有某种视觉上的关联、透视、对齐，彰显严谨。

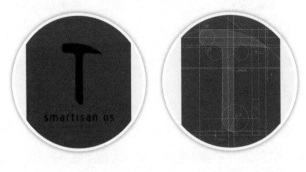

△　锤子 LOGO

（2）有规范性的数据便于扩展，兼容到各个场景的应用，或者对其他附属产品及应用制定规则及指导。

（3）添加辅助线后，能读懂设计师的用意、思维走向，以及设计稿的对齐规则定义。

2. 两种参考线制图方法

（1）坐标制图法。坐标制图法就是画很多方格子，界定出标志在每个格子里的图形的样子，以此为标准样本。大多应用在 VI 设计、工业、唐卡等绘制上。

（2）黄金分割制图法。依据参考线作图的目的就是做出极具美感并便于应用的图标。黄金分割比正是做参考线的依据之一。但一定切记，参考线仅是参考，它可以使设计师较为容易地找到成熟、合适的比例。

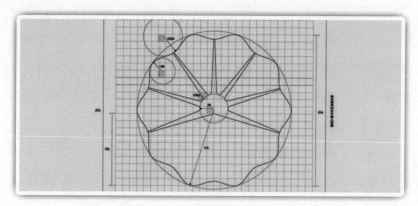

△ 坐标制图法

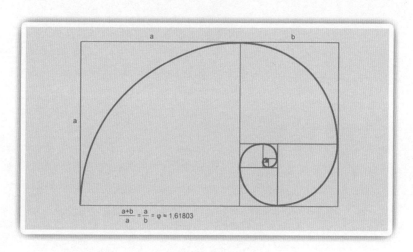

△ 黄金分割

黄金分割为什么美？

在视觉上，黄金分割本质上带来的是和谐——相似、重复、联系，以及变化——运动、活力。

　　我们看图像的时候，眼睛和心灵通过将视觉单元整合为一个融合的整体，来组织视觉差异。心灵本能地试图创造秩序以摆脱混乱，存储信息。艺术组织有 7 个原则——和谐、变化、平衡、比例、主导倾向、运动和简约。艺术的组织过程就是通过相似将对立方面关联在一起，最后需要成为一个统一。以线条为例，当一个艺术家运用线条使作品成为整体的时候，艺术家会通过长度、宽度、特征等一种或全部的关联性来创造最终的和谐体。比例虽然是单独列出的一个原则，但我们可以看到黄金分割同时拥有两个特性：和谐、变化。

05 第5章
CHAPTER

设 计 规 范

为什么要制定设计规范？

可能有些设计师会认为，制定规范会让设计有局限性，影响设计师的设计思路，或者认为这样做只是为了体现公司视觉形象或视觉团队形象。其实互联网公司的产品设计规范并非仅仅用来宣传形象，更多用来简化开发过程，使多个产品拥有一致的体验、一致的视觉风格。在一个部门含有多个产品线的情况下，设计规范最能体现其作用。

好的设计规范让设计团队成员能高效地制作出既满足业务需求、又能让用户轻易完成目标的产品。每个公司或者团队，到了一定阶段，都需要产品设计规范来突破"瓶颈"，提高效率，改善产品，让产品和团队都能够轻装上阵，走得更远。

以下的设计都很美观，但哪个是同一款互联网产品？

规范制定出来并非一成不变，随着业务发展、需求增加，规范要在原有内容基础上进行修改、增删。规范的弊端就是每次有重大更改，都会有很多相应的调整，甚至还会牵扯到设计结构和开发架构的修改。慎重修改已制定出的规范，多采用小更改迭代的方式对规范进行补充修改。

△ 风格一致的视觉让产品整体性更强

拥有设计规范并不代表团队不再需要设计师，也不代表团队中谁都可以使用规范组件拼拼凑凑就能输出设计效果图。产品设计含有感性的成分，需要设计师通过调研和认知去设计、把握产品的体验。规范是工具、标尺，需要设计开发人员灵活运用和不断完善，适应变化。

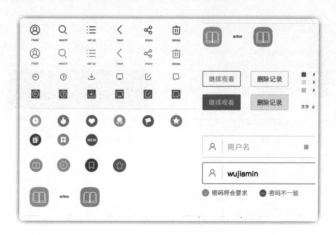

△ 输入框规范图例

5.1 规范的重要性

设计规范能为团队解决不少问题，提高效率，这主要体现在以下几个方面。

5.1.1 统一产品的用户体验

制定设计规范可以让各个平台的界面规范化，一个系列或一个品牌的视觉需要规范化，视觉风格需要保持一致。如果公司中产品业务非常庞大，那么设计师可能就不是一个人了，当每个设计师都渗透在各个产品组里之后，产品之间的体验可能就会让用户感觉不出是一个部门设计开发出来的。

不同的交互设计师给视觉设计师的交互稿可能样式会有差别。例如实现一个筛选功能，有的采用下拉菜单，有的采用弹窗。相同的情景不同的交互方式，使产品之间本身就出现了体验上的矛盾，这就造成产品间存在体验差别。

△ 筛选功能的交互形式不同，视觉设计也不同

　　当然，不同产品视觉设计师的设计风格也会存在一些差别。例如外观、尺寸设计、配色选择。当没有规范时，设计师会各自为政，做出带有自我风格的设计，更加深化了产品之间的不协调。这个时候规范就成了各个设计师之间的桥梁，让同一个产品的对外形象一致。

　　如果没有规范，可能会让整个界面看起来杂乱不堪，并且让用户迷惑于这些操作按钮中，在美观性、操作性、一致性上都是非常不可取的，所以我们需要制定设计规范。

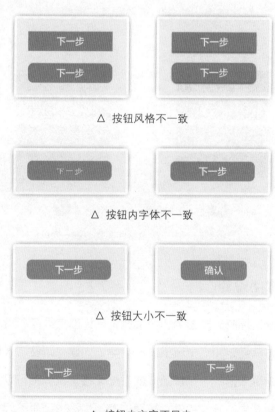

△　按钮风格不一致

△　按钮内字体不一致

△　按钮大小不一致

△　按钮内文字不居中

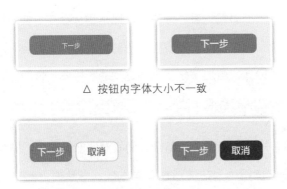

△ 按钮内字体大小不一致

△ 按钮主次不分

制定规范能解决在多人协作时控件混乱的问题。

△ 没有规范不统一的风格和有规范统一的风格

5.1.2 方便设计

在制定设计规范的过程中，会形成统一标准控件库、页面元素尺寸规定、配色方案规定和视觉风格统一指导。如果有新员工入职，熟读规范后就能很快融入团队，了解团队的设计风格。设计师可以按照功能需求直接调用规范中的标准控件，按照信息结构需求调用不同的元素尺寸进行设计，很轻易便能输出高保真原型图，减轻了设计过程中对交互控件选择和信息排版的思考负担。

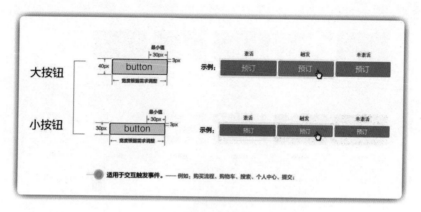

△　按钮规范图例

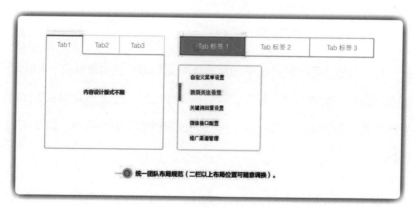

△　Tab 规范图例

5.1.3　形成备案和文库

如同技术文档一样，产品在设计方面也需要文档与规范。由于产品需求的变化，设计规范不会一成不变，通过文档备案记录每次设计调整的初衷和理论依据，便于日后回顾与总结。形成简单易读的文档规范是一种对产品负责任的体现。

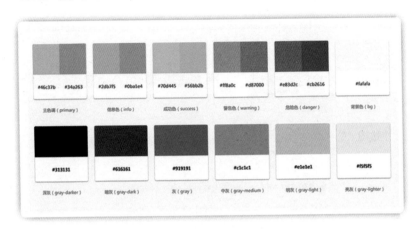

△　颜色规范和备案

5.1.4　提高工作效率

规范可以使最终设计出来的界面效果达到理想的实现状态，使设计实现与设计稿相对一致。规范能够提高工作效率，让上下游团队协作更轻松，减少因为资源或设计问题导致的反复修改、重复劳动、效率低的问题。

以下图这个按钮为例，如果没有规范，每个开发人员写出的代码都会不一样，一个开发人员写了 A 样式，另一个在开发人员写了 B 样式，这样页面越多，后期的工作量就越大，产生的冗余代码也会越多。

如果有规范的话，那么开发人员可以统一写好一些控件再进行代码复用。在规范的帮助下，开发人员在搭建全局共用元素的时候就非常清晰明了，如按钮、行距、间距、字体、文字大小、文字色值等。

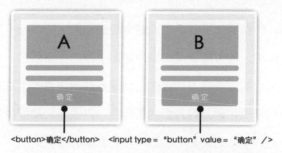

△ 没有规范，不同的开发人员会写出不同样式的代码

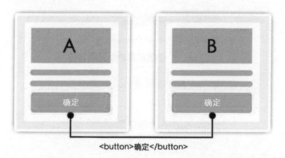

△ 有设计规范，可以让开发人员重复调用一套代码

5.2 制定规范的 5 大原则

在制定规范的时候，要避免走弯路，应借鉴一些已经制定规范的案例，作为自己规范的范本。在制定规范的时候，需要遵循以下 5 大原则。

5.2.1 把握制定规范的时机

规范出现时机应恰到好处，过早或过晚均会为产品迭代带来麻烦和阻碍。

在刚刚开始做设计或产品仅迭代几个版本后便想总结出一套规范为时尚早。这个时候产品仅仅拥有大体发展方向和基本功能，很多细分功能不够完善，产品整体不够丰满。这个时候制定出的规范不仅不能起到概括和统一作用，还可能会抑制设计，使工作产生重复性。随着产品不断完善，大量功能需求会添加进来，而规范也随之更改，这会增加各个参与的环节在修改和调整等方面的工作量，产生不必要的负担。这样大规模修改规范，本身就失去了规范作为一个准则的意义。

△ 制定规范时机太早

在产品已经成熟之后再制定规范则为时较晚。这个时候每个产品的功能、结构信息、组织框架已经定型，只有偶尔优化提升体验细节和辅助类功能的添加。产品技术框架逻辑，尤其是前端技术框架已成型，且技术人员在开发过程中对于产品界面设计、交互方式也谙熟于心。如果迭代过程中产品间差别很大，再制定规范会增加很多技术人员调整的成本，拖延新版本上线的时间。

如果一个部门同时存在成熟与刚起步的产品，按照成熟产品设计方向制定规范会更方便后续调整。当然即使规范出台时间较晚，也要比部门内部没有统一规范，使产品间不统一、不一致好得多。

项目		变更
视觉 设计	次要页要页面设计及 开发人员跟进开发	快速 迭代
	制定设计规范	

5.2.2 需要确定规范的范围

采用二八法则，针对 80% 的界面，制定设计规范。这里的二八法则可以从两个维度来说：

（1）80% 代表可以复用的色彩、按钮、字体、间距等重要视觉内容，这些内容需要进行详细的规范说明。另外的 20% 代表的是不可以复用的。

（2）80% 针对主要界面，规范不需要面面俱到。如果死板地为每个页面都制定规范，会影响设计师的创意发挥。另外 20% 代表不重要的界面。

△ 采用二八法则制定设计规范

5.2.3　避免规范一成不变，需要迭代

当产品变大，大到像一个庞然大物（如 QQ、微信）时，为了保证体验的一致性，规范会逐渐完善和明晰。规范的建立是一个长期的过程，宽泛的设计指引应该与时俱进。

互联网的时代，任何创意和产品思维都是快速出现与被消耗的，所以规范也是需要迭代的。如果设计师没有跟进规范的迭代，那么会出现规范中的旧样式过时的现象。

△　规范需要迭代

5.2.4　避免规范过于详尽

iPhone Design Guideline 的制定者非常有先见之明，他们在撰写规范的时候，选择了一种宽泛的表述方式，没有定义"点击按钮"应该多大，没有定义"返回按钮"必须在左上角，没有定义删除就非得有一个扔进垃圾桶的动画，等等。表述越细，限制越大，就会成为设计团队创新的枷锁。

5.2.5 大指引、小规范的制定思路

苹果官方的 *iOS Human Interface Guidelines*（以前叫 *iPhone Human Interface Guidelines*）比较系统，很多产品设计直接参考这份文档去构建自己的 App，产品生命周期中唯一的设计规范就是这份现成的参考。我们除了会以官方的设计指引为基本参考，还会根据项目的需要将设计规范细化。

例如 Material Design 的图标设计规范，它规定桌面图标尺寸是48dp×48dp。

要将桌面图标的规范制定为与它的设计理念相同的风格，所以建议模仿现实中的折纸效果，通过扁平色彩表现空间和光影。

△ icon 风格规范

设计中应注意避免以下问题：

■ 不要给彩色元素加投影。

■ 层叠不要超过两层。

■ 折角不要放在左上角。

■ 带投影的元素要完整展现，不能被图标边缘裁剪。

- 如果有折痕，放在图片中央，并且最多只有一条。
- 带折叠效果的图标，表面不要有图案。
- 不能透视、弯曲。

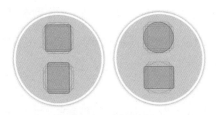

△ icon 尺寸规范

常规形状可以遵循几套固定栅格设计，使用最简练的图形来表达，图形不要带空间感。

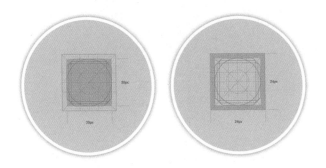

△ icon 栅格规范

小图标尺寸是 24dp×24dp。图形限制在中央 20dp×20dp 区域内。小图标同样有栅格系统。线条、空隙尽量保持 2dp 宽，圆角半径为 2dp，特殊情况做相应调整。小图标的颜色使用纯黑与纯白，通过透明度调整。

△ icon 颜色状态规范

△ icon 颜色状态规范实例

这些都是大方向的规范，风格方向会给到相应的建议，但不会要求必须如何设计体现。

5.3 制定规范的流程

规范的设计不是一蹴而就的，需要在早期就开始注意积累和归纳，仔细地制作和核对，最后汇总和微调。

△ 制定规范的流程

5.3.1　注意积累和归纳

　　设计师在设计初期要注意实时地归纳和总结，对原文件和导出文件进行分类整理，对设计过程中使用的控件和模式及时归纳，同时简单记录一些界面设计的初衷、有争议的设计点等。及时总结，为后期设计规范的制定打下良好基础，否则很容易出现忘记设计初衷、找不到文件或者相关的设计负责人等问题。

 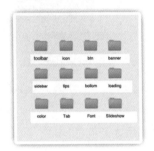

△　文件分类整理

　　在准备制作设计规范时，需要召集设计师对设计结果进行汇总和提炼。这样既可以讨论，又可以决策一些规范上的事宜，虽然耗时较长，但这对制定设计规范是非常必要的。

　　可以预先将规范划分成各个模块，分步进行会议讨论和决议，并将不同模块对应到不同设计师来负责总结。当遇到难以解决、产品间互相冲突的问题时，要及时与相关产品负责人沟通，当涉及一些产品需要重大样式修改时，更要及时沟通。设计团队内部意见统一的同时也要得到外部的支持和认可。

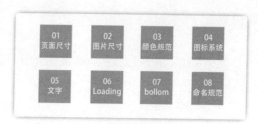

△　分成各个模块的规范

5.3.2　制作规范

在动手制作之前，设计师之间要对规范自身的展现形式和样式达成一致。设计师按照讨论决议出的结果制作自己负责模块的规范。模块分为配色、图标、字体、控件尺寸、控件交互等。

规范的制定遵循一定的界面规律，将共性和复用的内容提炼出来。

1. 将框架系统进行规范

栅格系统，英文为"grid systems"，是运用固定的格子设计版面布局，以规则的网格阵列来指导和规范网页中的版面布局以及信息分布，让页面风格工整、简洁。网页栅格系统是从平面栅格系统发展而来的。对于网页设计来说，栅格系统的使用，不仅可以让网页的信息更加美观易读，更具可用性，而且对于前端开发来说，网页将更加灵活与规范。

例如制定一个 Web 的页面布局规范：目前来说，主流浏览器的显示宽度一般是 1024px 至 1366px，利用网站栅格系统 $(A \times n) - i = W$, 可以算出所需要的页面宽度。

　　如何设计一个栅格系统？我通过实例，详细地介绍一下网页栅格系统的原理。

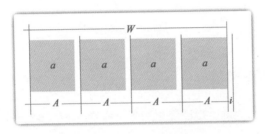

△ icon 网页栅格系统的原理

　　在网页设计中，我们把宽度为 W 的页面分割成 n 个网格单元 a，每个单元与单元之间的间隙设为 i，此时我们把 $a+i$ 定义为 A。它们之间的关系如下：

$$W=(a\times n)+(n-1)\,i$$

　　由于

$$a+i=A$$

　　可得：

$$(A\times n)-i=W$$

　　通过这样的计算方式，可以得出栅格系统的规范，让整个网站都遵循这样的栅格化计算方式。

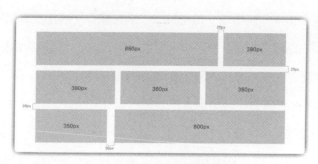

△ icon 通过栅格计算出的页面布局

2. 将信息系统进行规范

　　界面视觉设计中的字号应该有一个全局的规划，在同一个界面内，尽量少用太多太接近的字号。例如一个产品详情页的正文部分，如果同时用了 12、13、14、15、16、18 字号去排版，那么文字的层级对比会比较弱，不利于阅读，视觉效果也会有点儿凌乱。

　　如果你对全局的字号没把握，不妨参考一下下图的字号分布，字体基于 12、14、16、20 和 34 号的字号分布能够良好地适应布局结构，层次明晰，所以具有一定的参考意义。设计师可以根据具体的产品情况来分布。

	样式	字号	使用场景
重要	**文字**	18号	用在头部标题及个别重要分类名称
	文字	16号	用于较为重要的标题或操作按钮
一般	文字大小	14号	用于大多数叙述性或展示性文字
弱	文字大小	12号	用于极少数提示性或描述性次要文字

△ 文字信息的规范

产品文字中一般会有一级标题、二级标题、一级正文、二级正文、提示文字、辅助文字等。为了区分层级、便于浏览，通常会根据产品需要把字体颜色深浅分成 3～5 个层级，常见的有 #333333、#666666、#999999 这个组合，这个组合的层级区分比较分明，适应性比较广，因此有一定的参考价值。

3. 将控件系统进行规范

在产品中按钮控件的复用度是很高的，同样的一个确定按钮也会根据页面环境不同来设定不同的宽高尺寸。

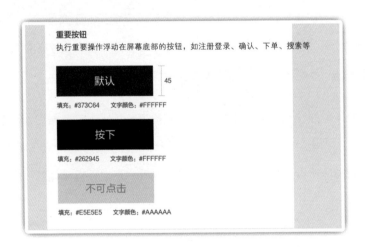

△ 按钮控件系统的规范（一）

按钮宽高不同，按钮样式也需要统一宽高比例、描边、直角、圆角、色值、文字区域、字体、字间距等，以保证按钮样式的统一。

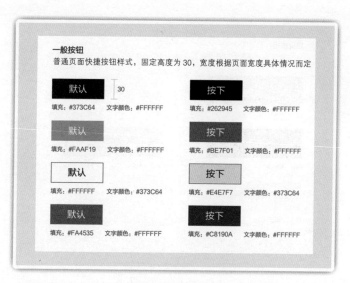

△ 按钮控件系统的规范（二）

在一般情况下，按钮会有 4 种鼠标状态。不同颜色的按钮之间，相同的鼠标状态也需统一视觉效果。例如同层级的蓝色和黄色按钮放在一起，这两个按钮在 hover 状态下的亮度变化看起来应相对统一。

4. 将配色系统进行规范

在选择主色调时，首先确定产品的调性、用户对象和所要表达的气氛，以及利用色彩所希望达到的目的，色彩取向决定了这个产品的风格。产品的辅助色可用主调色的邻近色，也可用对比色。在确定主色和辅助色之前，建议应用到各种页面中去看看实际效果，因为每个页面的使用环境都不同，反复验证后才能确定最终的色彩方案。

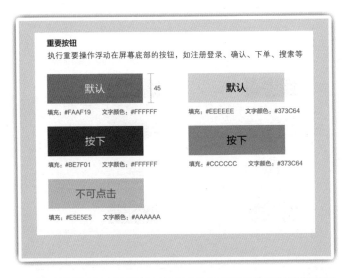

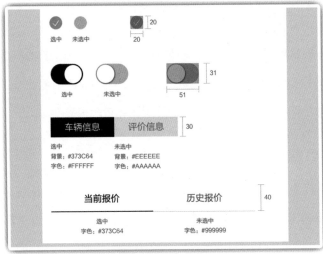

△ 控件系统的规范

　　一般情况下，可选择 1~3 种辅助色配合使用，整个产品的色彩最好控制在 4 种颜色之内。

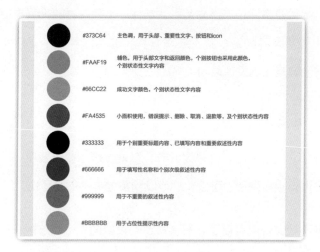

△ 配色系统的规范

5. 将布局系统进行规范

在设计的过程中，间距这个隐形元素往往会被新人忽略，其表明内容之间的层级和从属关系，凌乱复杂的间距会给用户认知造成较大困扰。

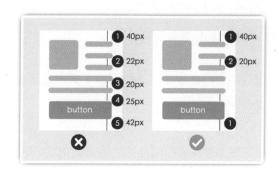

△ 布局系统的规范

设计师需要将间距当作与色彩、字体、字号一样的元素来设计。一个界面中能用 5 种间距，就不要用 6 种；能用 3 种就不要用 4 种，这是一个需要做减法的设计原则。

5.3.3 汇总和微调

将各部分规范汇总，再修改细节、微调排版后便可发布了。为了使规范更方便传播和阅读，可以将规范以网页或书本形式呈现。

规范不是做好就可以了，应该每过一段时间就检查改版。需要明确确定编修人员，并建立改版审核机制——在什么情况下才能变动此文件的内容，以确保此文件的稳定和可信。

设计规范是一份指南，将所有的规则系统整理后条例化，做到"不管是谁只要看了这份文件都能产出一样的成品"。不光是设计师需要常常阅读，同时也会影响到产品经理与技术开发人员。绝对不能今天做了什么好看的设计就去改一下设计规范。

小贴士：补充规范和规范外的设计

优秀设计规范拥有明确层级和逻辑，便于其他组员查找相应内容，也便于设计师日后对不同模块进行内容完善。

优秀设计规范是高度精简和概括的，将相同情境下的不同设计样式统一成适应性更强、更科学合理的设计样式，减少很多所谓的特殊情况设计和烦琐的重复尺寸标注。参与设计的设计师可以结合情景直接调用适合的设计样式。当然在设计过程中会出现特殊情景，规范中没有的特殊设计样式，这时就需要设计师单独给出设计效果图。当特殊情况越来越多时就要考虑将这些情况整合，补充进现有的规范中。

5.4　Web 规范制定的案例

　　规范的制定是在设计风格已经定方向的基础上，将有共性的设计整理出来。例如我们需要一个页面布局规范，通过将界面栅格化的计算方式，可以得到一个总体宽度。这个会影响整个网站的界面宽度设计。

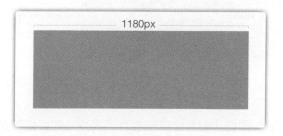

△ icon 页面布局规范

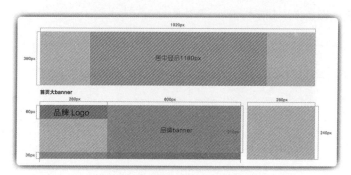

△ icon 通过栅格计算出的页面布局

图片模块规范有别于 banner 规范。图片模块规范指的是图片尺寸，图片制作过程中因为操作要求而制定出需要规避的地方和指定的地方，如品牌 LOGO 和联合 LOGO 的摆放位置。

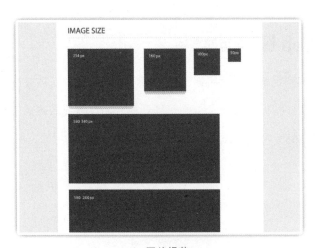

△ 图片规范

由于功能的需要，图片的显示会有很多种，并且在不同的页面上，如首页、列表页、详情页、填写页、订单详情页。这个时候，需要为各个页面的图片模块制定标准。

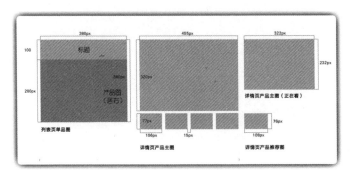

△ 不同页面中的图片模块规范

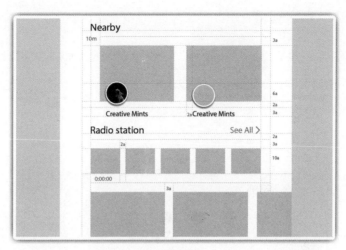

△ 模块规范

5.4.1　页面颜色规范

前文介绍了颜色对页面的情感传递的重要性。页面颜色的规范可以
让整个界面有一致性的品牌效应，让每个界面看起来是一个整体，是一
套系统。

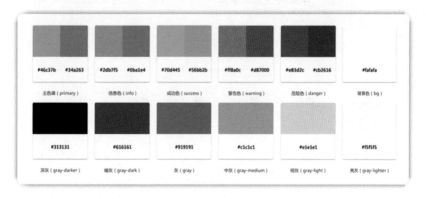

△ 页面颜色规范

5.4.2　文字规范

文字规范是专门针对界面中的文字制定的规范，包括文字的颜色、字号、使用范围。举个例子：可以规定 #e53a40 是标准色，当前态，一般高亮显示；规定 #020100 是标题文字；规定 #333333 是重要文字和标题；等等。

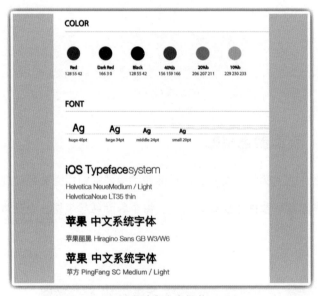

△　图片和文字规范

△　文字规范

5.4.3　按钮规范

按钮适用于交互触发事件，如购买流程、购物车、搜索、个人中心、提交等。

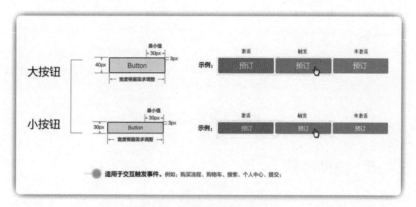

△ icon 按钮规范（一）

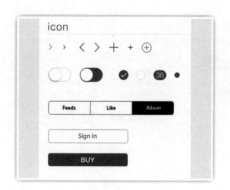

△ icon 按钮规范（二）

5.4.4　单选框和复选框规范

单选框和复选框的规范让整个设计系统里的单选与复选操作视觉一

致，符合用户的心理预期。

△ 单选框与复选框规范图例

5.4.5 控件规范

一些常用的控件规范能帮助整个网站控件体系达成一致，在各种产品业务上体现出统一。

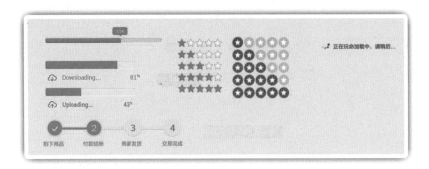

△ 控件规范（一）

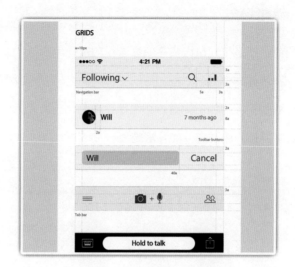

△ 控件规范（二）

△ 控件规范（三）

5.4.6 命名规范

文件的命名规范了，可以省去很多查找和迭代中产生的麻烦。当需要查找一个图片或文件时，对应相应的文件的命名，就可以找到它。而在迭代的过程中不会因为不知道这个图片在哪里，或者因为乱命名，而导致不敢删除文件，造成文件库异常庞大。

头部：header	登录：login	背景：background
导航栏：nav	注册：regsiter	用户：user
菜单栏：tab	编辑：eidt	图片：img
内容：content	删除：delete	广告：banner
左中右：left、center、right	返回：back	图标：icon
标题：title	下载：download	注释：note
底部：footer	弹出：pop	搜索：search
模块：mod	提示信息：msg	按钮：button

△ 命名规范

推荐阅读

跟老男孩学linux运维：web集群实战

书号：978-7-111-52983-5 作者：老男孩 定价：99.00元

**资深运维架构实战专家及教育培训界顶尖专家十多年的运维实战经验总结，
系统讲解网站集群架构的框架模型以及各个节点的企业级搭建和优化**

本书不仅讲解了Web集群所涉及的各种技术，还针对整个集群中的每个网络服务节点给出解决方案，并指导你细致掌握Web集群的运维规范和方法，实战性强。

互联网运维涉及的知识面非常广，本书涵盖了构架一个Web网站集群所需要的基础知识，以及常用的Web集群开源软件使用实践。通过本书的实战指导，能够帮助新人很快上手搭建一个完整的Web集群架构网站，并掌握相关的知识点，从而胜任企业的运维工作。

推荐阅读

iOS开发学习路线图